膜下滴灌水肥耦合效应研究及模型模拟

冯亚阳　著

U0364705

黄河水利出版社

·郑州·

内 容 提 要

多年来,我国内蒙古东部区为追求高产而过量灌水并大量施用氮肥,导致水氮利用率低下,增产效益明显下降。不合理的水氮施用模式引发的一系列生态环境污染问题和资源浪费问题,阻碍了西辽河平原区农业"环境友好型"和"资源节约型"的发展道路。因此,制订合理的水氮耦合方案对西辽河平原区实现节水、节肥、高效、稳产和环保的最终目标具有重要意义。本书密切结合我国内蒙古东部区的生产实际,对膜下滴灌种植模式下的春玉米生长及土壤水肥效应进行了较为系统的研究,利用田间试验与模型模拟相结合的研究方式,探索了不同水肥耦合条件对春玉米生长、产量和土壤环境的影响效应,提出了适用于当地的膜下滴灌水肥一体化技术模式,为膜下滴灌种植技术的推广应用提供依据。

本书可供从事农业水利、节水灌溉技术推广的科技人员和大专院校相关专业师生阅读参考。

图书在版编目(CIP)数据

膜下滴灌水肥耦合效应研究及模型模拟/冯亚阳著. --郑州:黄河水利出版社,2023.10

ISBN 978-7-5509-3794-9

Ⅰ.①膜… Ⅱ.①冯… Ⅲ.①滴灌-肥水管理-研究 Ⅳ.①S275.6

中国国家版本馆 CIP 数据核字(2023)第 235527 号

组稿编辑:王路平 电话:0371-66022212 E-mail:hhslwlp@163.com

责任编辑:王燕燕 责任校对:王单飞 封面设计:黄瑞宁 责任监制:常红昕
出版发行:黄河水利出版社 网址:www.yrcp.com E-mail:hhslcbs@126.com
地址:河南省郑州市顺河路 49 号 邮政编码:450003
发行部电话:0371-66020550、66028024
承印单位:河南新华印刷集团有限公司
开本:890 mm×1 240 mm 1/32
印张:3.25
字数:100 千字
版次:2023 年 10 月第 1 版 印次:2023 年 10 月第 1 次印刷

定价:36.00 元

前　言

　　近年来,从中央到地方都把发展粮食生产和解决水资源问题摆在"三农"工作的重要位置,促进粮食综合生产能力不断提高。但是,我国水资源短缺,特别是北方地区水资源供需矛盾非常突出。水资源短缺已成为我国粮食稳定发展的主要瓶颈,干旱灾害已成为农业生产的主要威胁,发展节水灌溉已成为现代农业可持续发展的必然选择。西辽河平原区自然资源禀赋得天独厚,发展农业的土地资源丰富,不仅是我国最重要的粮食主产区之一,而且是我国粮食增产最具潜力的地区之一。

　　"十二五"以来,西辽河平原区依托国家项目建设了滴灌工程,但其应用于该典型地域、气候条件下的研究较少,农户缺乏节水节肥及农业生产影响土壤环境的理念,膜下滴灌种植模式下水肥一体化对作物-土壤系统的影响机制的研究仍需完善。本书旨在探讨膜下滴灌种植模式下,水肥耦合对春玉米的影响效应,寻求西辽河平原区适宜的水氮施用量,为膜下滴灌种植模式下水肥一体化技术的推广应用提供理论支撑。

　　本书密切结合我国内蒙古东部区春玉米的生产实际,对降解膜覆盖技术进行了较为系统的研究。全书共分为6章,以西辽河平原区大面积玉米种植为背景,采用大田试验与模型模拟相结合的方法,对膜下滴灌种植模式下的春玉米生长及土壤水肥效应进行了较为系统的研究,利用田间试验与模型模拟相结合的研究方式,探索了不同水肥耦合条件对春玉米生长、产量和土壤环境的影响效应,提出了适用于当地的膜下滴灌水肥一体化技术模式,为膜下滴灌种植技术的推广应用提供依据。

　　本书在编写过程中得到了内蒙古农业大学、中国农业科学院农田灌溉研究所、内蒙古自治区水利厅、通辽市水利技术服务中心的支持和帮助。另外,本书在编写过程中还引用了大量的参考文献。在此,谨向为本书的完成提供支持和帮助的单位、所有研究人员和参考文献的作者表示衷心的感谢!

  由于作者水平有限,书中难免存在不妥之处,敬请读者朋友批评指正。

作　者

2023 年 8 月

目　录

第 1 章 引 言

1.1 研究意义及背景

2012 年初国家启动东北四省区"节水增粮行动"项目,为保证项目的顺利实施,2012 年 5 月,水利部国际合作与科技司组织申报了"十二五"国家科技计划农村领域 2013 年度项目,申报项目名称为"东北四省区节水增粮高效灌溉技术研究与规模化示范",其中"内蒙古东部节水增粮高效灌溉技术集成研究与规模化示范"课题由内蒙古自治区水利科学研究院主持,内蒙古农业大学、水利部牧区水利科学研究所参加共同完成。2014 年项目由科学技术部正式批准立项实施,实施年限为 2014~2018 年。

本书以该课题为依托,试验区选在东北四省区"节水增粮行动"工程建设项目所在的通辽市科尔沁左翼中旗腰林毛都镇的万亩滴灌工程建设示范区。该地部分农户获益于国家项目配套的膜下滴灌工程建设,虽然灌溉方式开始了由地面漫灌到滴灌的过渡更新,但是膜下滴灌种植玉米仍处在技术层面的推广阶段。农户施行膜下滴灌的配套设备材料经费由国家补贴,相对于传统地面灌溉而言,农户只是意识到了灌水的便利、获得产量较高,基本还是沿用传统灌溉的灌水定额与施肥量来获得预期产量,对节水节肥及后续的环境效应并无概念,作物产量提升关系到农户的经济收入,是最重要的考虑因素。在以产量提升为预期效果的基础上,环境效应及水肥的高效利用同样是战略性的研究重点,关系到区域农业水土资源可持续利用。

覆膜、滴灌、施氮肥相对于裸地常规种植来说,既是单独的人为调控因子,同时存在着相互作用、相互影响。覆膜技术已成为公认的干旱地区重要农艺措施,塑料薄膜的封闭阻断了土壤水与外界空气的直接交换,减少了土壤水分无效蒸发,可为作物提供适宜的土壤环境,创造早播条件,减少杂草生长,提高水肥利用效率和作物产量。滴灌是一种更高效的灌溉方式,在作物根区直接施用水和氮肥,可改变土壤中水分、养分和根系的分布,提高水和氮肥的利用效率,缓解农业灌溉导致的地下水位下降和过度施氮导致的地下水污染。

　　水、氮是膜下滴灌种植模式下作物取得高产的主要限制因素,两者之间存在协同效应。氮参与植物所有的代谢过程,在生长发育中起着重要作用,适宜的氮肥有利于叶绿素的合成,促进植物生长和生物量的积累,但过量施用氮肥会导致幼苗尖端或叶片烧伤,施氮过多造成的过度营养生长会增加作物无效的水分蒸发和能量消耗,影响作物籽粒生长,造成减产和品质降低。在充足水分和轻微缺水条件下增加施氮量对作物生长有积极影响,但在严重缺水条件下会降低气孔导度并影响光合作用。施氮量过多会增加土壤硝酸盐浓度,提高根系渗透压,使根系与土壤之间的水势差下降,不利于水分的吸收,从而加剧水分亏缺对作物产量的负面影响,降低用水效率。同时,氮肥施用不当会对氮利用效率(NUE)和环境造成负面影响。因此,作物种植中适量的水氮投入对优化作物产量和田间养分管理至关重要。

　　近年来,寻求作物高产、水分利用效率(WUE)、品质等多目标最优的水肥耦合区域是研究的热点。综合考虑不同水文年型膜下滴灌水肥一体化种植模式下不同水肥耦合条件对玉米产量、水肥高效利用及环境的影响效应的研究鲜有报道。本书以西辽河平原区为气候、地域背景,依托膜下滴灌水肥一体化种植模式进行玉米大田试验,提出不同水文年型下考虑多目标(玉米产量、水氮高效利用和环境效应)最优的适宜水氮施用区间,为膜下滴灌水肥一体化种植技术的推广应用提供理论依据。

1.2 国内外研究现状分析

1.2.1 膜下滴灌种植模式下水肥一体化措施

20世纪后期覆膜种植技术和滴灌灌溉技术被引进我国并结合使用。最早应用该技术的是新疆生产建设兵团石河子垦区,1996年,新疆生产建设兵团第八师水利局等部门的水利工作者在弃耕的次生盐碱地上进行了棉花膜下滴灌试验并取得成功。棉花膜下滴灌技术不仅成功地在大田应用,还拓宽了应用作物的种类范围。大豆、水稻等大田作物都开始大范围使用,越来越多的地区及作物加入到膜下滴灌的行列当中。经过多年的应用实践,膜下滴灌技术已经呈现出很多的技术优势,并在实践中提升了农业生产效率、促进了农业生态环境的改善,主要体现在节省灌溉用水、提高肥料利用率、提升农作物产量、降低劳动量、增收节支、降低病虫害等方面。

近年来,国内外学者针对膜下滴灌条件下水氮耦合进行了一些研究,不同研究者选择了棉花、番茄、玉米等作物研究膜下滴灌的灌溉施肥管理措施。例如,Vazquez 等研究了不同灌溉策略对膜下滴灌番茄产量和土壤硝态氮淋失的影响,结果表明较高的灌溉频率有利于减少水分渗漏量,设计灌水量为 80% ET_c(蒸散发总耗水量)时几乎不产生渗漏量且产量也没有减少,需要进一步根据膜下滴灌条件下的作物实际需水量调整作物系数。覆膜后土壤温度在加快有机氮矿化、增加无机氮累积的同时,也有效促进了作物的生长发育和根系吸收能力。高亚军等研究了稻秆覆盖对冬小麦水氮效应的影响,表明稻秆覆盖使氮肥的增产作用显著增加,水氮的交互作用与不覆盖处理相比也有明显增加。

1.2.2 水肥耦合对作物生长影响

早在16世纪,就有历史资料记载过作物与水肥的关系,而在20世纪80年代,学者们就提出了水肥耦合的概念。水肥耦合效应是指水分与土壤矿物元素二者在农业生态系统中构成了相互作用与相互影响的融合体系,作用于作物生长发育、品质、产量的现象或结果,实际生产实践中的应用目的表现为利用水肥耦合的协同效应,获得较高产量并提升水肥利用效率。施肥可调水、灌水可调肥,水分不足时肥料用量增加可提升互作效应,水分过多则会降低互作效应。当季与后茬作物的肥效因灌水呈现不同效果,灌水量高时当季作物的肥效高,后茬作物的肥效低,水肥互作增产效应是在适宜水肥用量下获得的。膜下滴灌种植模式下水肥一体化技术使得灌水和施肥同步进行,随水入肥的一体化施用模式对作物根区进行水肥供给,水分和肥料损失量减少,可大幅度提高作物产量及水肥利用效率。

在我国北方干旱与半干旱地区对水肥耦合效应的研究较多,主要包括玉米、小麦、谷子、大豆等供试作物。周欣等分别研究水肥耦合对大豆、玉米、小麦的产量影响,研究表明,水肥各因素对产量的影响均是正效应,在不同的试验区域水肥单因素效应和交互作用排序略有不同,但是基本上是中水中肥可以提高产量和水肥利用率。王聪翔等分别研究水肥耦合对玉米产量的影响,找到不同地区产量达到最优值的水肥施用量的最优解。吕丽华等研究了冬小麦-夏玉米轮作体系水氮因子对产量和氮素吸收的影响,结果表明水分供给充足条件下氮肥效应不受水分限制,水分供给亏缺条件下氮肥效应受较大抑制,水、氮二因素对产量的影响程度受水、氮供应丰缺的影响,限水时施氮 311.6 kg/hm^2,适水时施氮 253.6 kg/hm^2,分别获得 16 127.5 kg/hm^2 和 17 272.9 kg/hm^2 的较优产量。仲爽等还对水肥耦合条件下玉米产量与耗水量建模,模拟结果显示,水氮耦合的正效应发挥必须在一定的区间内,化肥因地制宜地施用不但可以提高玉米对土壤水分的吸收,同时还能提高水分利用效率和促进玉米产量的进一步增加。大田水肥耦合技术的实施是干旱、半干旱地区农作物产量和灌溉水利用效率提高的有效途径。在受干旱胁迫时,应适当减少氮肥的施用量,表明对不同的灌水情况,都有与之相应的最佳施肥量。王丽梅、李秀芳、温丽丽的试验研究显示,氮素和水分对玉米干物质积累具有显著正交互效应,干物质积累量与植株的矿物元素变化趋势相同。刘文兆等也认为寻求适宜的水肥投入水平是水肥耦合的主要问题,并研究得到了椭圆形水肥优化耦合区域。薛亮等研究了水肥异区隔沟交替灌溉方式下水氮互作效应,指出并不是灌水量和施肥量越多越好,并得到了高产条件下最佳水氮配比。在一定范围内上调灌水下限和增加肥料施用量可明显增加番茄干物质及光合速率,灌溉施肥水平过高有相反效果,滴灌施肥比常规沟灌施肥降低了土壤硝态氮含量,增加了番茄产量 46.9%、干物质 54.0%、吸氮量 82.4%、维生素 C 含量 61.8%,氮利用效率(NUE)76.5%、水分利用效率(WUE)46.4%。滴灌施肥条件下高水中肥处理可获得最大的干物质积累量和产量、植株吸氮量的增加幅度,产量和吸氮量均随水肥施用量的增加而增大,低水高肥处理水分利用效率(WUE)最高,高水低肥处理氮利用效率(NUE)最高。综合考虑,高水中肥处理能获得较高产量、较高氮利用效率、较低硝态氮残留量。作物积累的干物质直接来源于光合作用,是植物将光能转换为可用于生命过程的化学能并进行有机物合成的生物过程,直接影响作物产量。

1.2.3 水肥耦合的土壤水氮环境效应

滴灌作为灌水工程,为水肥耦合提供良好的技术条件,可在滴灌系统中加入压差施肥罐,将溶解的水肥溶液以随水入肥的方式直接滴施于根区,并配合塑料地膜将滴灌带设于膜下,通过灌水工程配合栽培技术实现了先进的水肥一体化施用技术,并且获得了保水保肥的效果。小定额高频次的灌水也对降低养分淋失、提高水肥利用率起到显著作用。王秀康研究不同灌水量和施氮肥量对土壤含水率的影响表明,在灌水量相同的条件下,随着施氮肥量的增加,土壤含水率增大,高氮肥使土壤含水率始终在较高水平,且中水高肥处理最显著,高肥料用量降低了玉米生物量和产量,减少了作物对土壤水分的消耗。李久生等建立了水分和硝态氮运移在滴施硝酸铵条件下的数学模型,并对水肥溶液浓度、灌溉水量、选用滴头流量各因素不同条件进行模型验证,模拟效果较好,硝态氮都积累在湿润土体交界面,滴灌硝态氮的淋失易受系统运行和设计参数的影响。土壤剖面水分及硝态氮分层分布在输入不同的氮肥量下会有基本一致的变化规律,夏玉米施氮量控制在 120~

240 kg/hm² 可提高氮利用效率并降低土壤硝态氮积累量。孙美、冯绍元等研究了不同水氮组合根区土壤氮素淋失特征,结果表明根区硝态氮淋失量在灌水量少时受施氮量的影响不敏感,高水高肥处理引起土壤硝态氮在地下水面处淋失通量占氮肥施用量的比例更大。Lehrsch、Skinner 研究表明,交替隔沟灌溉的水肥施用模式能在保持作物产量的前提下,增加土壤氮吸收量 21%,减少硝态氮淋失,全生育期交替沟灌施肥土壤硝态氮含量高于常规灌溉,将肥料施于干沟内,灌水技术为交替沟灌可以降低肥料淋溶风险。陈林等研究了耕层土壤六种形态氮在水氮耦合下的变化规律,得到了最佳的灌水量和施氮量管理模式。康金花等研究表明,根区土壤环境、微生物的组成和数量受施用的肥料量影响,土壤有效氮含量各个时期、各土层不同处理出现差异。侯振安等对新疆棉花膜下滴灌条件的土壤水、盐、养分运移与调控做了很多研究,提出了最佳水肥耦合施用量。朱兆良、张福锁等研究了化肥氮的三条基本去向,认为投入环境氮化物与氮残留、氮吸收均因肥料氮投入而增高,残留肥料氮被后茬作物吸收的相对数量很低,氮肥的环境风险增大。蒋会利等探讨了春玉米收获后硝态氮残留量,施氮量在一定数值范围内时,硝态氮积累量不显著,但超过一定限度后即随施氮量的增加显著增高。王激清、吴永成等认为玉米在 0~80 cm 土体的根重比例在95%以上,1 m 以下的不足 1%,玉米收获后硝态氮淋失可以 90 cm 为下边界,超过此深度土壤氮有更大的淋溶风险。

1.2.4　作物生长模拟模型研究进展

　　作物生长模拟模型(简称作物模型)是指应用计算机技术和系统分析方法,综合农学、农业气象学、生态学、作物生理学和土壤肥料等多门学科的研究成果,对主要作物生长发育过程及气候环境因素对其影响的过程进行系统的定量化数值模拟的模型技术。作物模型能够综合环境状况和土壤管理措施来预测作物产量,并能分析相关的影响因素,找到最佳的管理措施,大幅度简化和缩短农业生境系统研究的进程,从而为农民和决策者提供技术指导和决策依据。

　　目前,常用的作物模型有荷兰瓦赫宁根的 WOFOST 模型、澳大利亚的 APSIM 模型和美国的 DSSAT 模型等。

APSIM 模型是一种可用于模拟农业生产系统中各主要组成部分的机制模型,它是由澳大利亚的联邦科学与工业研究组织和昆士兰州政府的农业生产系统组(APSRU)所开发建立的优秀作物模型。APSIM 模型建立的最初目的是在农业系统里进行长期资源管理试验时,对在气候变化、作物的遗传特征、土壤环境及管理措施等因子影响下的作物生产力提供一个更准确的预测。APSIM 模型在建立初期主要受到 CERES 模型和 GRO 模型的影响(这两个模型后来合并为 DSSAT 模型,因此也称 APSIM 模型受 DSSAT 模型影响),同时在一定程度上受到 Sinclair 建立作物模型所使用的现象学方法的影响。APSIM 模型与 NTRM、CENTURY、EPIC 及 PERFECT 等模型类似,这些模型与 CERES 模型和 GRO 模型都比较注重土壤模块在模型模拟中的作用,如土壤水运移过程、土壤氮含量的平衡及土壤有机质的积累等,相对来说对种植制度的影响重视程度不高。APSIM 模型相对于其他模型而言优势众多,它可以在继承的基础上有所创新,吸收优秀成果。在 APSIM 模型开发后的 20 多年里,在结构和软件操作等方面都有很大程度的更新,因此得以在全世界得到广泛应用。

在国内,自 20 世纪初引入 APSIM 模型以来,对 APSIM 模型的应用也在逐步走向全面和深化,但种种因素导致各个地区进度不同,研究水平参差不齐,因此 APSIM 模型在我国的总体应用现状比较模糊,没有一个统一的认识。总体而言,APSIM 模型属于具有较强机制基础的模型,而且对作物种植制度、轮作的作物生理生态机制等方面具有较好的模拟能力,如作物轮作、地表留茬、休耕及作物品种的选择等作物种植相关方面都有所涉及。

WOFOST 模型主要用于模拟和评价作物潜在生长、水分限制生长和养分限制生长条件下的生长状态。WOFOST 模型利用计算机技术和算法,模拟特定气候、土壤和管理措施等条件下一年生作物的生长发育状态,探索发展中国家日益增加的粮食安全等相关的农业生产潜力问题。WOFOST 模型以单日为步长,以同化作用、呼吸作用、蒸腾作用和干物质分配等作物生理生态过程为基础,模拟水肥充分供应、水分限制和养分限制等三种水平下作物的生长。但 WOFOST 模型未考虑灌溉、施肥等农业管理措施,与实际农业生产过程有一定的差异,需要在应用中对模型进行改进。

DSSAT 模型可模拟逐日作物生长发育过程,计算各影响因子对作物产量的影响,可用于不同的研究对象与目的,支持多种作物的生产和管理,用户可以使用该系统评估农艺措施,找到影响作物生长过程和产量的因素,如施肥量、播种期、种植密度等,为指导田间栽培和大田作物生产提供管理决策。

DSSAT 模型主要侧重于实际的应用,其集成了多个作物模型,可为用户提供多种选择。与 WOFOST 模型相比,管理参数比较详细,如灌溉的方式分为喷灌、漫灌、滴灌等,肥料的施入涉及施入方式、施入深度、肥料类型等。

目前,DSSAT-CERES-Maize 模型在世界范围内也已经成为专家学者们研究玉米生长发育过程及其土壤系统的有力工具。在水分充足的条件下,DSSAT-CERES-Maize 模型能够对玉米的土壤体积含水率、叶面积指数、地上部生物量及籽粒产量进行准确的模拟;但在水分胁迫条件下,对叶面积指数、地上部生物量及籽粒产量的模拟结果出现了系统性的整体低估,即在水分胁迫条件下,DSSAT-CERES-Maize 模型的定量化描述不够精准。

DSSAT 模型还提供了作物模型模拟结果输出与试验数据对比评估平台,允许用户对模拟结果与观测结果进行比较分析。这对所有作物模型应用之前,尤其是基于模型建模结果下对现实世界的决策或建议制定都是至关重要的。作物模型评估是通过输入用户的模型运行所需数据,然后运行模型将输出数据结果与观测数据进行比较来完成的。DSSAT 模型通过模拟作物管理策略的诸多可能结果,为用户提供信息,以便快速评估新品种及所采取的农业管理措施。模型参数的率定及校验工作是提高作物模型在不同地区模拟结果的准确性和作物模型模拟应用的必要前提,参数估计方法的差异能够得到各不相同的模型参数率定值及模型模拟结果。

目前,由于模型参数的率定及校验方法多种多样,学术界并没有完

全统一的经验方法参考。之前大多数的研究工作均是把试验数据划分
为两部分,利用其中一部分试验数据进行模型参数率定工作,剩余试验
数据部分进行模型参数验证,依此来评价作物模型模拟精度。例如,基
于杨凌 2009~2012 年不同的水氮试验数据,将其划分成了两大部分,
利用 2009~2010 年试验数据进行模型参数率定工作,利用 2010~2012
年试验数据验证模型参数。在作物模型参数率定方法上,多数研究人
员采用一般试错法进行模型主要参数的手动调整,然后结合试验数据
观察值比较模型模拟结果输出值的吻合程度来评价作物模型的模拟效
果,这种参数率定的方法具有较大的不确定性及很强的主观性。同时,
Boote 建议使用无水分及养分胁迫试验条件处理下的观测数据进行作
物模型参数的校正工作,在此条件下得到的作物模型参数值能否满足
其他处理,如水分及养分胁迫下作物生长及农业系统的模拟精度要求
还有待商榷,因此需要科研工作者对作物模型参数率定及校验工作进
行整体性、系统性研究,来进一步获得作物模型参数率定及校验的较优
方案,从而确保作物模型在不同水分及养分胁迫状况下作物生长、叶面
积指数、干物质积累量及产量等过程结果模拟的准确性。

DSSAT 模型可用于应对未来气候变化条件下采取的适应措施研
究,以及应对气候变化条件下的粮食安全研究。在田间应用研究中,
DSSAT 模型主要的研究应用包括田间灌溉管理、土壤施肥管理、气候
变化条件下产量预测等几个方面,同时研究还涉及精准农业、作物育
种、土壤碳库分析、基因与环境交互作用等。有研究者利用 DSSAT-
CERES-Maize 模型对加拿大玉米产量及土壤氮素动态变化进行模拟,
其模拟结果精度较高,还有学者利用 DSSAT-CERES-Maize 模型模拟
比较分析了充分灌溉和控制灌溉条件下土壤含水率动态变化、硝态氮
损失量及作物产量,也得到了很好的模拟精度。何建强等利用
DSSAT-CERES-Maize 模型模拟了美国佛罗里达州甜玉米的生长发育
过程,并利用该模型制定了最优化的水肥管理模式。此外,有关
DSSAT-CERES-Maize 模型的研究还包括不同播期及灌溉对春玉米产
量的影响、玉米遗传参数的确定及验证、作物参数敏感性分析、气候变
化对农业有效性的评价、不同作物生长状况的预测及作物灌溉需水量

的确定等诸多领域。

1.2.5　小结

综上所述,国内外研究人员针对膜下滴灌种植模式对作物生产与土壤环境的影响已有大量研究,水肥耦合效应的研究是随着水肥施用技术的发展而逐步完善的,随着精准水肥施用技术的推进,水肥溶液局部作用与作物根区模式仍需进一步的研究来指导生产实践,而以处于世界三大"黄金玉米带"的西松辽平原区为气候、地域背景,综合考虑膜下滴灌水肥一体化施用条件下玉米生产与土壤氮残留来研究水氮耦合效应,提出适宜水氮配比的研究仍鲜有报道。

多年来,我国内蒙古东部区为追求高产而过量灌水并大量施用氮肥,导致水氮利用率低下,增产效益明显下降。不合理的水氮施用模式引发的一系列生态环境污染问题和资源浪费问题,阻碍了西辽河平原区农业"环境友好型"和"资源节约型"的发展道路。因此,制订合理的水氮耦合方案对西辽河平原区实现节水、节肥、高效、稳产和环保的最终目标具有重要意义。本书在前人基础上探讨滴灌种植模式下水氮耦合效应,为节水高效灌溉技术推广提供理论支撑。

第 2 章　研究区概况与试验设计

2.1　研究区概述

试验区域选在通辽市科尔沁左翼中旗,位于东经 121°08′~123°32′,北纬 43°32′~44°32′。地处通辽市东端,大兴安岭东南边缘,西辽河北岸,是松辽平原向内蒙古高原的过渡地带,气候、水文特征既有两大地形区域的共性,又有自身的特点。试验大田选在东北四省区"节水增粮行动"工程建设项目所在的通辽市科尔沁左翼中旗腰林毛都镇的万亩滴灌工程建设示范区。

2.1.1　土壤条件

在试验田采集土样,带回实验室通过土壤自然风干、过筛,按照规范要求处理土壤样品后,采用激光粒度仪测定颗粒分级比例,土壤质地按照美国制土壤质地分类法对土壤颗粒级配划分进行确定;土壤密度、田间持水量采用环刀取田间试验田 0~100 cm 土层(3 次重复)原状土带回实验室测定。土壤酸碱度 pH 值和电导率 EC 值监测方法为风干土样碾碎过筛后按 1:5 配置土壤水溶液,充分振荡过滤后经真空泵抽滤,取土壤上清液测试 pH 值及 EC 值(见表 2-1)。

2.1.2　气象条件

试验区处在北温带大陆性季风气候区内,春秋季短暂且干旱多风;夏季天气炎热,降雨量大;冬季寒冷漫长,降水极少。多年平均降雨量在 342 mm,夏季多年平均降雨量占全年降雨量的 58.48%。多年平均蒸发量为 2 027 mm(20 cm 蒸发量)。多年平均气温 5.2~5.9 ℃,大于 10 ℃的年积温 3 042.8~3 152.4 ℃,无霜期 150~160 d。多年平均日照时数为 2 802.1~2 884.8 h。表 2-2 为 2016~2018 年试验区气象资料,2017 年最高气温和最低气温均为 3 年数据的极值,温差较大,3 年平均气温、相对湿度和平均风速无明显差异,2016 年降雨量分布均匀,2017 年降雨量分布不均,集中在 8 月,2018 年玉米生育前期降雨量较少。

表 2-1　土壤颗粒分级及理化性质

土层/cm	不同粒径颗粒分布/%			土壤类型	密度/ (g/cm³)	田间持水量/ %	pH 值	EC/ (mS/cm)
	>0.05 mm	0.002~ 0.05 mm	<0.002 mm					
0~20	36.76	52.70	10.54	粉砂壤土	1.39	25.08	8.69	0.28
20~40	21.65	48.81	29.54	黏壤土	1.38	30.77		
40~70	20.18	39.15	40.67	黏土	1.23	45.05		
70~100	73.01	25.58	1.41	壤质砂土	1.32	12.52		

表 2-2　2016~2018 年试验区气象资料

年份	月份	最高气温/ ℃	最低气温/ ℃	平均气温/ ℃	相对湿度/ %	平均风速/ (m/s)	降雨量/ mm
2016	5	36.63	3.01	19.57	41.90	3.40	39.60
	6	37.12	8.82	22.44	61.59	1.57	80.41
	7	35.45	13.35	25.16	72.75	0.99	48.00
	8	37.02	10.17	23.44	73.47	0.88	60.62
	9	29.32	5.13	17.80	83.19	0.62	43.40
	平均/总计	35.11	8.10	21.68	66.58	1.49	272.03

续表 2-2

年份	月份	最高气温/℃	最低气温/℃	平均气温/℃	相对湿度/%	平均风速/(m/s)	降雨量/mm
2017	5	38.68	1.45	17.87	37.51	5.41	31.00
	6	38.45	7.90	22.80	52.46	2.05	6.40
	7	39.29	10.64	25.59	72.11	0.74	35.00
	8	32.95	3.09	21.96	82.66	0.40	206.02
	9	31.82	3.30	17.54	72.05	0.63	12.00
	平均/总计	36.24	5.28	21.15	63.36	1.85	290.42
2018	5	34.76	-1.13	17.60	32.72	2.69	9.40
	6	39.35	13.11	23.82	59.55	1.96	35.76
	7	37.32	17.89	26.30	81.72	0.89	67.60
	8	37.62	11.15	22.50	81.68	0.53	81.40
	9	30.62	3.09	16.79	70.35	0.73	18.40
	平均/总计	35.93	8.82	21.40	65.20	1.36	212.56

通过对研究区 1983~2016 年 4 月下旬至 9 月中旬的降雨资料进行降雨频率分析,得到相应的代表年为枯水年(75%)降雨量小于213.89 mm,丰水年(25%)降雨量大于333.69 mm,平水年(50%)降雨量介于两者之间,选择 1991 年(361.9 mm)、2011 年(273 mm)、2001年(221.5 mm)分别为丰水年、平水年、枯水年的代表年份。本研究的试验年份 2016 年和 2017 年为平水年,2018 年为枯水年。

2.2　试验材料

试验玉米品种采用当地农民使用的农华 106,该品种根系发达,抗倒性强、耐旱、耐高温,活杆成熟,该品种耐密植、适应性好、制种产量高,具有较好的代表性,苗至成熟 128 d。试验用地膜宽度为 700 mm、厚度为 0.008 mm。

2.3   试验设计

种植模式为膜下滴灌,一条滴灌带(ϕ16 mm)灌溉两行玉米的宽窄行(35-85 cm)偏心播种,相邻滴灌带间距 1.2 m,种植单元如图 2-1 所示,灌水量采用旋翼式数字水表记录。磷肥和钾肥施用量、病虫草害及农机农艺配套措施均采用当地常规方式。基肥氮使用一体化农机施入,追氮肥方式为先在施肥罐中充分溶解尿素,得到酰胺态氮水溶液,通过水压差随灌水滴施于膜下根区。

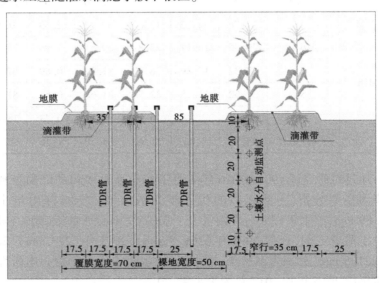

图 2-1   种植模式与取样点示意图   (单位:cm)

水氮耦合试验设置水氮 2 因素 3 水平组合处理试验,试验灌水量按土壤含水率占田间持水量百分比的上下限不同设低水 W1(拔节前 60%~80%、拔节后 55%~80%)、中水 W2(拔节前 65%~85%、拔节后 60%~85%)、高水 W3(拔节前 75%~95%、拔节后 70%~95%),按施氮梯度设低氮 N1（224 kg/hm²）、中氮 N2（270 kg/hm²）、高氮 N3（330 kg/hm²）3 个水平，共计 9 个处理，实际灌水量和施氮量见表 2-3。为防止邻近处理水肥侧渗，每个试验处理设 4 条滴灌带，即 4 个种植单元，两边为保护行，监测和取样均采用中单元。每个小区长 20 m、宽 4.8 m，每个处理 3 次重复，共 27 个小区。玉米播种日期分别为 2016 年 4 月 29 日、2017 年 4 月 27 日、2018 年 4 月 27 日；收获日期分别为 2016 年 9 月 26 日、2017 年 9 月 26 日、2018 年 9 月 24 日。

表 2-3　玉米水肥耦合效应试验方案

处理	灌水量/（m³/hm²）			施氮量/（kg/hm²）				
	2016 年	2017 年	2018 年	播种	拔节肥	抽雄肥	灌浆肥	施氮总量
W1N1	1 496.4	1 523.19	1 667.92	51	69	69	34.5	224
W1N2	1 692	1 585.14	1 697.90	63	82.8	82.8	41.4	270
W1N3	1 710.2	1 498.19	1 660.42	89	96.4	96.4	48.2	330
W2N1	1 905.9	1 829.71	2 113.70	51	69	69	34.5	224
W2N2	1 975.6	1 833.33	2 117.60	63	82.8	82.8	41.4	270
W2N3	1 924	1 836.96	2 110.19	89	96.4	96.4	48.2	330
W3N1	2 279	2 224.64	2 529.98	51	69	69	34.5	224
W3N2	2 326.1	2 201.09	2 514.99	63	82.8	82.8	41.4	270
W3N3	2 431.1	2 195.65	2 522.49	89	96.4	96.4	48.2	330

2.4　观测内容与方法

2.4.1　气象指标检测

采用美国的 HOBO U30 型自动监测气象站，数据采集间隔时间设定为 1 h，定期用计算机采集气象数据，监测试验区气象资料。2016～2018 年生育期降雨量及潜在蒸散发量（ET_0）如图 2-2 所示。

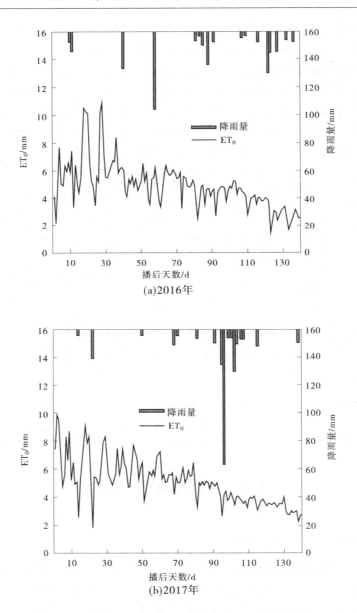

(a)2016年

(b)2017年

图 2-2　2016~2018 年生育期降雨量及 ET_0

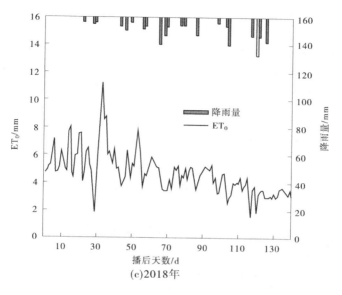

(c)2018年

续图 2-2

2.4.2　土壤含水率

土壤含水率的监测采用烘干法、TDR 管和土壤湿度自动记录仪相结合的方式。烘干法,取土深度为 100 cm,分别在窄行行间滴灌带正下方(距滴灌带距离 $r=0$)、玉米行间($r=17.5$ cm)和宽行行间($r=60$ cm)的 0~20 cm、20~40 cm、40~60 cm、60~80 cm、80~100 cm 土层取样,播前和各生育期取样一次。

使用土壤水分测量仪,播后每 10 d 测量土壤含水率,灌前、灌后、雨后加测。取样位置为滴灌带正下方、玉米行间、膜边(距滴灌带距离 $r=35$ cm)和宽行行间 4 个测点。

土壤湿度自动记录仪分别在 W1N2、W2N2、W3N3 这三个处理的滴灌带正下方、玉米行间和宽行行间 10 cm、30 cm、50 cm、70 cm、90 cm 土层埋入水分电极探头,共计 45 个采集点。

2.4.3　土壤温度

2016~2018 年试验用土壤温度自动采集仪监测,测定 W2N2 处理玉米行间(距滴灌带 17.5 cm)和宽行行间(距滴灌带 60 cm)地下 5 cm、10 cm、15 cm、20 cm、25 cm 和 35 cm 土层的土壤温度,读数间隔为 1 h,从播种后检测至收获。

2.4.4　土壤碱解氮监测

土壤各个土层的碱解氮残留量相加即为一定深度的土壤碱解氮残留总量。土壤取样位置为平行于滴灌带的玉米棵间,播种前和收获后取土样深度为 1 m,均以 20 cm 为一层取土壤样品。采用碱解扩散法测定土壤碱解氮。根据所测定的各土层碱解氮和土壤密度计算每一土层(20 cm)的碱解氮残留量:

$$AN_i = C \times (D \times H \times A) \times 10^{-6} \tag{2-1}$$

式中:AN_i 为每一土层的碱解氮累积量,kg/hm^2;C 为该土层土壤碱解氮含量,mg/kg;D 为土层土壤密度,kg/m^3;H 为土层厚度,取 0.2 m;A 为每公顷土地的面积,100 m×100 m。

2.4.5　作物生物量及产量监测

收获时每小区割取 3 株玉米,将茎秆、穗部位纵向剖开后置于烘箱内 105 ℃ 杀青 30 min,调节温度为 80 ℃ 烘干至恒重,测量单株地上干物质及籽粒干物质质量,再根据种植密度转换为公顷单株地上干物质质量。

收获指数 HI 是作物收获时经济产量(籽粒、果实等)与生物产量的比值:

$$HI = \frac{籽粒部分干物质质量}{地上部分生物量干物质质量} \tag{2-2}$$

对于产量的监测,各小区平行于滴灌带取 3 个 10 m 长的玉米双行,剥获全部籽粒风干后称总重,获取单位面积产量。每个小区随机选取可以代表平均水平的 10 穗玉米,人工计数每穗粒数,游标卡尺测量穗宽、穗长,脱粒并自然风干后称取样品玉米的穗粒总质量,得到穗粒质量,随机取 5 组百粒称重,获取百粒质量。

2.4.6 水分利用效率

对于水量平衡及水分利用效率计算,当地实测地下水埋深在 8 m 以下,故忽略地下水补给,灌溉方式为滴灌,且地表平整,忽略地表径流及深层渗漏。计算过程如下:

$$ET_c = I + P + \Delta W \tag{2-3}$$

$$WUE = 0.1 \frac{Y}{ET_c} \tag{2-4}$$

式中:ET_c 为蒸散发总耗水量,mm,I 为灌溉水量,mm;P 为有效降雨量,mm;ΔW 为计算 ET_c 时段内储水量差,mm;WUE 为水分利用效率,kg/m^3;Y 为籽粒产量,kg/hm^2。

数据处理作图采用 Adobe Illustrator 2020、Orgin 2018 和 Excel 2016 软件。无特殊说明字母 W、N 及数字组合代表水、氮处理,其余为计量单位或统计学表达方式。

2.4.7 大田试验田间管理记录

试验期间记录玉米种植时间、出苗时间,统计单位面积出苗数,定株后测量实际株距;记录封垄时间,观察生长发育物候特征规律并做时间记录;记录灌水日期与灌水历时、水表记录灌水量;记录水肥一体化灌溉施肥日期、施肥量,记录观察既定灌水定额下滴施肥料溶液在根区的浓度表现;记录土壤、作物取样及田间数据监测时间。

2.5 数据统计分析及绘图

采用 Excel 2016 整理基础数据,采用 SPSS 22.0 软件进行显著性分析,利用 Excel 2016、Origin 2018、AutoCAD 2010 和 Adobe Illustrator 2020 进行绘图。

为评价模拟值与实测值的吻合程度,采用平均相对误差(MRE)、

均方根误差(RMSE)及决定系数(R^2)3个指标评价,计算公式如下:

$$MRE = \frac{1}{n} \sum_{i=1}^{n} \frac{|S_i - O_i|}{S_i} \times 100\% \tag{2-5}$$

$$RMSE = \sqrt{\frac{1}{n} \sum_{i=1}^{n} (S_i - O_i)^2} \tag{2-6}$$

$$R^2 = 1 - \frac{\sum_{i=1}^{n} (S_i - \bar{S})}{\sum_{i=1}^{n} (O_i - \bar{O})^2} \tag{2-7}$$

式中:S_i 为第 i 个样本的模拟值;O_i 为第 i 个样本的实测值;$\bar{S}$ 为模型模拟值的平均值;$\bar{O}$ 为实测值的平均值;n 为观测样本数目。

第3章　膜下滴灌种植模式下
水肥耦合对土壤环境的影响

3.1　膜下滴灌种植模式下
水肥耦合对土壤水分分布的影响

土壤含水率是在大气条件、种植方式和作物耗水等因素作用下,随时间和空间(土壤深度)不断发生变化的动态土壤环境因子。本书利用土壤湿度自动记录仪连续监测 W2N2 处理土壤含水率,并绘制出土壤含水率等值线图,能够直观地描绘出玉米全生育期内 0~100 cm 的水分变化过程与规律。

图 3-1 为 2016~2018 年地膜覆盖下种植单位的不同空间位置土壤含水率变化等值线图。由图 3-1 可看出,土壤含水率受土壤质地影响较大,40~60 cm 土层土壤质地为黏土,含水率显著高于其余土层;60~100 cm 土层为砂土层,含水率较低。覆膜区 0~30 cm 土层含水率较未覆膜行间显著提高,覆膜明显降低了灌后初期表层土壤的水分消耗量,滴灌带下和距滴灌带 17.5 cm 处土壤含水率变化受作物根系吸水和灌溉影响;距滴灌带 60 cm 处(宽行行间)土壤含水率变化主要受降雨影响发生波动。随着生育期的推进,玉米根系生长,土壤水分消耗逐渐向深层土壤推进。玉米抽雄期至灌浆期,作物耗水量大,此阶段土壤储水量降到了全生育期最低值。

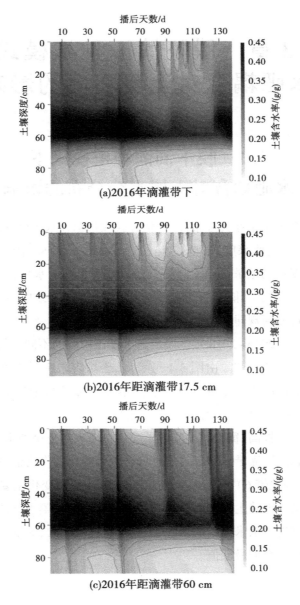

图 3-1 膜下滴灌种植模式下土壤含水率变化等值线

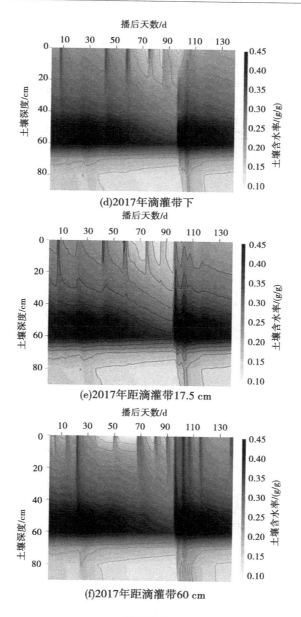

(d)2017年滴灌带下

(e)2017年距滴灌带17.5 cm

(f)2017年距滴灌带60 cm

续图 3-1

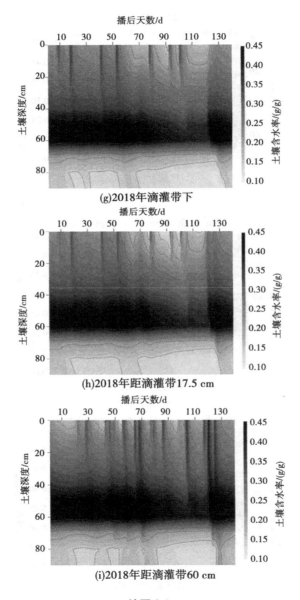

(g)2018年滴灌带下

(h)2018年距滴灌带17.5 cm

(i)2018年距滴灌带60 cm

续图 3-1

土壤水分在初始动力及后续动力(如研究期间的降雨、灌水、蒸散等)的作用下,随着时间的推移,在空间上要通过运动来寻求平衡,所以土壤水分时空变化的等值线应当比较圆滑,且呈现出某种规律性。实测土壤水分因为观测误差不可避免及某些次要因素的干扰得到的等值线图常出现弯度变化过多过大等问题,回归法可以抵消或排除这些问题,回归方程中包含土壤水分变化动态规律的信息。因此,把时间等值线法与回归法相结合,取二者之长,可获得理想的效果。不同类型地膜覆盖处理的土壤含水率受降雨量影响较大,2017 年降雨量大且分布不均,2018 年降雨量较少,2016 年降雨量与平水年代表年最接近。为了使结果更具有代表性,本书选取 2016 年数据进行土壤含水率时空动态变化的总体趋势分析。

具体做法是求出以深度(D,mm)和时间(T,d)为自变量,以土壤水分观测值(SWC)为因变量,包括一次交互项的二元二次、二元三次和二元四次 3 个回归方程,相关系数最高的回归方程是一次交互项的二元三次回归方程。所选方程如下:

$$SWC = a + bT + cD + dT^2 + eD^2 + fT^3 + gD^3 + hTD \qquad (3-1)$$

式中:a 为常数项系数;b、c 为一次项系数;d、e 为二次项系数;f、g 为三次项系数;h 为交互项。

回归方程系数见表 3-1。

各回归方程的决定系数 R^2 均大于 0.6,p 小于 0.01,能够较好地描绘出相应处理土壤含水率时空变化特征。

W2N2 处理膜下区域(0 cm、17.5 cm)的常数项系数均高于 W2N2 处理未覆膜区(60 cm),说明在生育前期,膜下区域土壤含水率高于未覆膜区。回归方程中自变量系数的正负决定着土壤含水率随土壤深度和时间变化的趋势,系数绝对值的大小决定其对土壤含水率的影响程度。各处理回归方程中自变量 T 的各项系数绝对值均小于自变量 D,这说明时间对土壤水分的影响小于土壤深度,这是由试验台不同土层土壤质地不同,田间持水量与凋萎系数范围不同导致的,与实际测定

表 3-1 回归方程系数

处理		a	b	c	d	e	f	g	h	R^2	p
W2N2	0 cm	0.228 0	0.001 2	0.003 0	-0.000 039 1	0.000 042 6	0.000 000 22	-0.000 000 98	-0.000 002 06	0.645 7	<0.01
	17.5 cm	0.211 6	0.001 5	0.003 9	-0.000 050 9	0.000 027 4	0.000 000 28	-0.000 000 92	-0.000 000 03	0.657 4	<0.01
	60 cm	0.193 1	0.001 0	0.005 4	-0.000 027 9	0.000 003 8	0.000 000 17	-0.000 000 69	-0.000 008 89	0.636 6	<0.01

情况基本相符。由距滴灌带 0 cm 处和 17.5 cm 处回归方程可知,除自
变量 T 和 D 的一次项为正值,D 的二次项与 T 的三次项为正值外,其
余二次项、三次项和交互项均为负值,且一次项系数绝对值均明显大于
二次项系数绝对值,二次项系数绝对值又明显高于三次项系数绝对值。
距滴灌带 60 cm 处(未覆膜区)的回归方程各项正负值与距滴灌带 0
cm 处和 17.5 cm 处回归方程一致。这表明,W2N2 处理土壤含水率在
该区域随时间的递进呈"增大—下降—增加"的动态变化趋势,随土层
深度的增加呈先增加后下降的动态变化趋势。

通过分析回归方程可以看出土壤含水率随时空变化的总体趋势。
根据上述各处理回归方程,设置时间范围 140 d,土壤深度为 0~80 cm,
土壤含水率步长设定为 0.5 d。利用上述回归方程绘制土壤含水率时
空分布回归等值线图,如图 3-2 所示,线条基本平顺,弯曲度小,符合土
壤水分的动态变化规律。

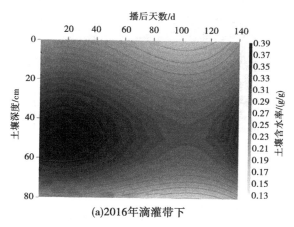

(a)2016年滴灌带下

图 3-2　土壤含水率时空分布回归等值线

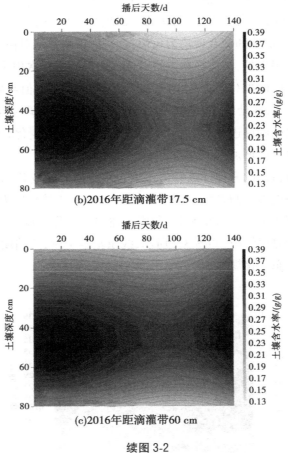

(b)2016年距滴灌带17.5 cm

(c)2016年距滴灌带60 cm

续图 3-2

3.2　膜下滴灌种植模式下
水肥耦合对土壤温度的影响

覆膜可以增加地温,促进种子发芽,加快作物生育进程,提高土壤微生物活性和增加作物干物质积累,对作物生长具有重要意义。

2016~2018 年全生育期 5~25 cm 土壤积温如表 3-2 所示,全生育期土壤积温覆膜区较宽行未覆膜区提高了 19.75%~22.45%。苗期，覆膜区较宽行未覆膜区提高了 20.32%~25.92%，此阶段植株较小，阳光直接辐射到地表，覆膜区温度显著提高。拔节期和抽雄期，覆膜区较宽行未覆膜区提高了 25.20%~32.36%，升温幅度略高于苗期，这与该阶段气温回升、地温整体提升有关。灌浆期，覆膜区较宽行未覆膜区仅提高了 11.07%~13.14%，与拔节期和抽雄期相比，差异减小，这是由于在灌浆期玉米植株枝繁叶茂，对阳光有遮挡作用，太阳辐照对地温影响减弱，同时大气温度较高，昼夜温差减小，地温主要是受大气温度影响造成的。成熟期，覆膜区较宽行未覆膜区提高了 17.09%~23.11%，较灌浆期增温效果显著提升，这与生育末期植株凋零，阳光又直接辐射到地表有关。

表 3-2　玉米全生育期土壤积温　　　　　单位：℃

年份	处理	苗期	拔节期	抽雄期	灌浆期	成熟期	全生育期
2016	W2N2-17.5 cm	675.35a	606.5a	442.8a	771.66a	669.46a	3 165.77a
	W2N2-60 cm	548.96b	481.33b	334.53b	694.76b	549.47b	2 609.05b
2017	W2N2-17.5 cm	636.83a	618.93a	501.26a	796.35a	644.75a	3 198.12a
	W2N2-60 cm	505.75b	475.6b	390.67b	715.99b	523.71b	2 611.72b
2018	W2N2-17.5 cm	685.76a	617.43a	520.35a	841.18a	614.91a	3 279.63a
	W2N2-60 cm	569.97b	484.62b	415.61b	743.46b	525.17b	2 738.83b

注：同列不同小写字母表示差异显著（$p<0.05$）水平，下同。

3.3　膜下滴灌种植模式下水肥耦合对不同土层碱解氮残留量分布的影响

从表 3-3 可知，相对于 40~100 cm 的 3 层土壤，浅层 0~20 cm、20~40 cm 碱解氮虽然含量较高，但变异性低，说明不同水氮量对收获后浅层土壤碱解氮影响小，灌水施氮对浅层土壤的影响经历生育期土壤与大气氮交换、作物吸收、灌溉及降雨对碱解氮的迁移等因素，残留量趋同，较小的差异仅表现为 0~20 cm 土层 3 个施氮水平的平均碱解氮残留量随着灌溉水平的提升而降低。因此，水氮用量不同造成收获后 1 m 深土壤碱解氮残留量的不同主要是由 40~100 cm 土层差异引起的。

表 3-3　不同土层碱解氮的变异性

土层/cm	平均含量/(kg/hm²)			标准差/(kg/hm²)			变异系数 CV/%		
	2016 年	2017 年	2018 年	2016 年	2017 年	2018 年	2016 年	2017 年	2018 年
0~20	170.41	134.68	228.84	25.31	23.58	19.83	14.85	17.51	8.67
20~40	174.40	173.48	236.16	28.42	13.43	23.52	16.30	7.74	9.96
40~60	100.35	137.11	100.29	35.43	18.33	28.82	35.31	13.37	28.74
60~80	84.99	91.88	81.83	24.70	19.61	31.76	29.06	21.34	38.81
80~100	59.71	38.58	41.85	25.32	8.60	16.56	42.41	22.29	39.58

注:表中碱解氮数据通过相应土层所有水氮处理碱解氮取平均值得到。

由图 3-3 可以看出,2016~2018 年收获后各土层土壤碱解氮残留量均为表层含量较大,0~20 cm、20~40 cm 明显高于其他土层,2016 年和 2018 年平均含量从上到下依次减少,2017 年 0~20 cm 土层土壤碱解氮残留量略低于 20~40 cm,分析原因与 2017 年灌浆期暴雨淋洗有关。3 年整体表现为垂直分布由浅至深降低趋势,与前人的研究成果类似。

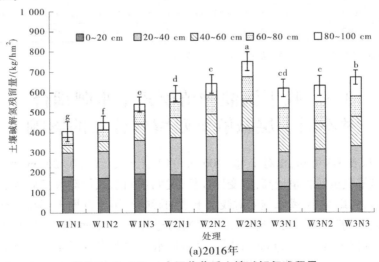

(a)2016年

图 3-3　0~100 m 土层收获后土壤碱解氮残留量

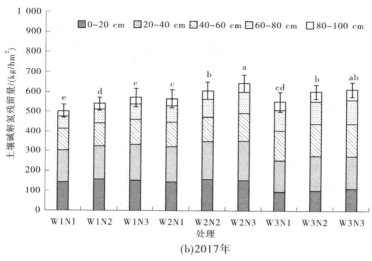

(b)2017年

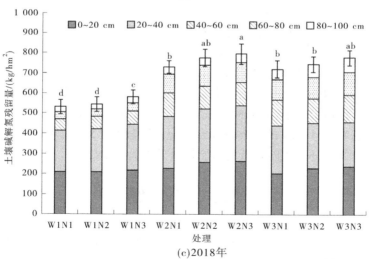

(c)2018年

续图 3-3

3.4　膜下滴灌种植模式下水肥耦合
对不同土层碱解氮残留量的影响

碱解氮是能被植物直接吸收的氮,也叫有效氮。各灌溉条件下,1 m 土层碱解氮残留量 3 年的趋势均表现为随着施氮量增加而增大,2017 年由于灌浆期特大暴雨的淋洗,各处理之间差异较 2016 年、2018 年减小。当施氮量由 N1 增加至 N2 时,碱解氮残留量的增加比例小于 N2 增加至 N3 的水平。

随着灌水量增加,碱解氮残留量整体趋势是先增加后减小,W1、W2 处理 0~40 cm 土层土壤碱解氮含量差异不显著,随着灌溉量的增加,氮逐渐向下迁移,下层注入的迁移量使 1 m 土层内的碱解氮含量增加,同时,W1 水平施入氮肥转化成碱解氮的过程受到了抑制,可有效利用的土壤氮减少,表层土壤向外"逃逸"至大气环境的氮增加,造成作物干物质积累和产量均处于较低水平。因此,虽然低水处理的土壤碱解氮残留量较低,但 W1 和各施氮量的组合是较差的水氮耦合方式。

灌水量由 W2 提至 W3 时,1 m 土层内碱解氮残留量降低,随水迁移至 1 m 以下的土壤氮量增大,使水分挟带土壤氮进入较深土层。膜下滴灌种植模式下,玉米根系主要分布在 0~50 cm,1 m 以下土层根系可以忽略不计,W3 的氮淋溶导致环境风险较大。综上,本研究推荐残留碱解氮的环境风险较低的水肥耦合处理为 W2N2。

3.5　小　　结

研究表明,覆膜区土壤含水率和土壤温度较未覆膜区均有显著提升。造成收获后 1 m 深土壤碱解氮残留量的不同主要是由 40~100 cm 土层差异引起的。随着灌水量和施氮量的增加,碱解氮残留在一定范围内增长缓慢,超量后碱解氮残留量迅速增加,进入土壤环境的氮也随之增大,中水中肥的水肥耦合施用量可将养分保持在根区内,同时实现作物对水氮的最佳利用并降低潜在的环境风险,这与近年来研究结果一致。

　　适量的水氮耦合效应下,可获得较高的干物质,较好的水肥协调效应;超过适量的灌水和施氮对干物质积累贡献不显著。水分亏缺与过量均不利于植株营养器官向生殖器官的转运,达到适宜水、氮施用量后,再增加灌溉量和施肥量对产量贡献率会降低。本书也得到相同的结论,达到适宜水分后继续提升灌溉量,灌水对营养器官的贡献要大于对籽粒的贡献,同样过量施氮更多地贡献于营养器官,即籽粒产量与地上部生物量的比例降低,收获指数降低。

第4章　膜下滴灌种植模式下水肥耦合对玉米生长及产量的影响

4.1　膜下滴灌种植模式下水肥耦合对玉米生长的影响

玉米株高和叶面积指数(LAI)是表征其生长发育状况的有效指标,可以反映玉米生长发育的动态特征。叶面积指数的大小与光合作用有着密切的关系,影响产量的形成。叶片是玉米植株进行光合作用的主要场所,而玉米籽粒产量的形成主要源于玉米叶片的光合产物,叶面积指数的高低直接影响作物的光合作用及蒸腾作用,在一定程度上是决定作物干物质积累和籽粒产量形成的重要因素。地上部干物质积累量(地上部生物量)是作物产量形成的物质基础,在一定范围内,地上部干物质积累量越多,其相应的玉米籽粒产量也越高。

4.1.1　膜下滴灌种植模式下水肥耦合对株高的影响

同一灌水定额下不同施氮量处理间的株高差异不明显,本书分析高水、中水、低水处理的平均值。在灌浆期(7月底)前各处理玉米株高呈增加趋势,灌浆期后变化平缓,达到最大值,趋于稳定状态,玉米生殖生长也达到稳定阶段,进入作物的第二生长时期,该阶段为玉米的生长关键期。成熟期,玉米的株高基本没有变化,在该生育期,玉米的营养生长也基本达到稳定状态,叶片的变化也基本呈线性变化,较灌浆期减少,这主要与作物在生长后期叶片脱落有关。

高水处理玉米因为水量充足,长势较好;其他处理间株高相差不大,只是前期不同处理株高差异表现得较为明显。2016~2018年玉米株高变化见表4-1~表4-3。

表 4-1　2016 年玉米株高变化　　　　　单位:cm

处理	日期(年-月-日)							
	2016-06-01	2016-06-23	2016-06-30	2016-07-06	2016-07-19	2016-07-30	2016 08-13	2016-08-20
W1	36.8b	60.4b	165.5b	203b	230.5b	268.7b	270.5b	271b
W2	37b	61.2ab	167.2b	205.5ab	232b	273.5ab	275b	275b
W3	47.8a	62a	173.5a	208.8a	245.8a	280a	282.5a	282.5a

表 4-2　2017 年玉米株高变化　　　　　单位:cm

处理	日期(年-月-日)							
	2017-06-09	2017-06-20	2017-06-30	2017-07-10	2017-07-19	2017-07-27	2017-08-13	2017-08-22
W1	51.5c	70.5c	155b	197.5b	233a	263b	264b	267b
W2	55b	75.3b	172a	198b	237a	280a	280a	283a
W3	61.5a	79.5a	177a	205.8a	243a	284.5a	284.5a	285a

表 4-3　2018 年玉米株高变化　　　　　单位:cm

处理	日期(年-月-日)							
	2018-06-09	2018-06-20	2018-06-30	2018-07-10	2018-07-16	2018-07-27	2018-08-22	2018-08-26
W1	46.3c	75c	160.3b	208.5b	242b	253.2b	286a	279.3a
W2	50b	89b	167.8a	212a	246.7ab	260ab	288a	284.6a
W3	56.5a	93a	169.5a	220a	252a	265.6a	288a	282.5a

4.1.2　水肥耦合对叶面积指数(LAI)的影响

各处理不同生育期叶面积指数值动态变化如图 4-1 所示。在整个生育期内,玉米 LAI 值均呈现先升高后降低的单峰变化趋势。玉米苗期叶片较小,LAI 值均为整个生育期内的最低值,各处理间差异不明显。进入拔节期后,春玉米各营养器官迅速生长,叶片伸展扩大。玉米抽雄期,各处理 LAI 值均达到峰值。当灌水定额相同时,各处理的 LAI 值随施氮量的增加而呈现递增趋势。

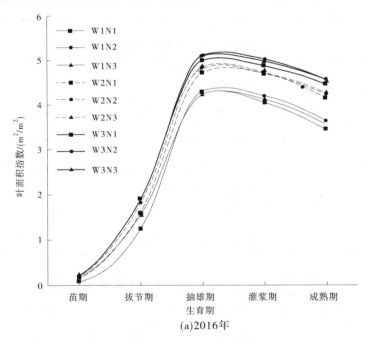

(a)2016年

图 4-1　玉米全生育期叶面积指数

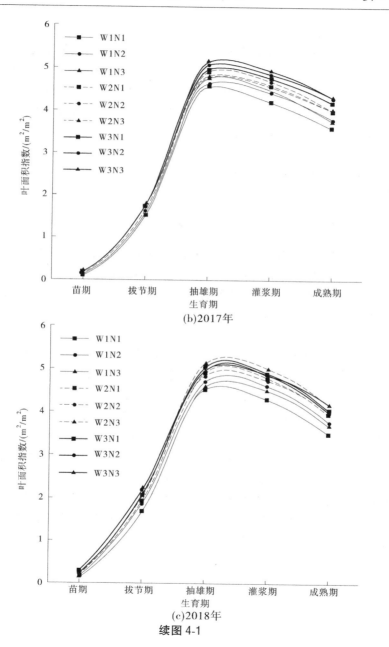

(b)2017年

(c)2018年

续图 4-1

进入灌浆期,各水肥耦合处理的 LAI 值均有所下降。当灌水定额为 W1 时,各水肥耦合 LAI 值的平均降幅为 15.92%;当灌水定额为 W2 时,各处理两年内 LAI 值的平均降幅为 10.05%;当灌水定额为 W3 时,各水氮处理 LAI 值的平均降幅为 9.52%。由上述数据可知,随着灌水定额的增大,各处理 LAI 值的降幅整体减小。同一灌水定额下,各施氮处理的 LAI 值下降幅度随施氮量的减少而增大,可见适度地增加灌水定额及施氮量会延缓玉米叶片衰老。从灌浆期到成熟期,玉米各器官养分均向籽粒转运,叶片也逐渐开始衰老,叶片面积萎缩,LAI 值进入下降期。

4.1.3　水肥耦合对干物质的影响

地上部分干物质 3 年(2016~2018 年)整体变化趋势为随水氮投入量的增加而增大,但 W3N3、W3N2、W2N3、W2N2 处理间差异不显著。可见,高水分、高氮肥供给能获得较高的干物质积累量,但水氮增加到一定程度后,干物质无显著增加,水氮对干物质的影响符合报酬递减的规律。

W1 灌溉水平下,干物质积累量随氮肥施用量增加先小幅度增长后显著减少,氮肥对干物质积累量的影响效果小,过量施氮肥阻碍玉米干物质积累。W2 灌溉水平下,氮肥施用量由 N1 增加至 N2,干物质积累量显著增加,N3 干物质积累量和 N2 无显著差异,超过 N2 的氮肥施用量对干物质积累贡献已不明显。在 W3 灌溉水平下,随施氮量的增加干物质积累量逐渐增加,但 N2 与 N3 的差异不显著。N1 水平下,随着灌水量的增加干物质积累量显著增加。N2、N3 水平下,灌溉量由 W1 增加至 W2 时,干物质积累量显著增加,但 W3 和 W2 处理干物质无显著差异(见图 4-2)。氮肥效应在不同灌溉水平下影响效果不同,水分效应在不同的施肥水平下影响效果不同,说明水、氮二因素存在交互作用。

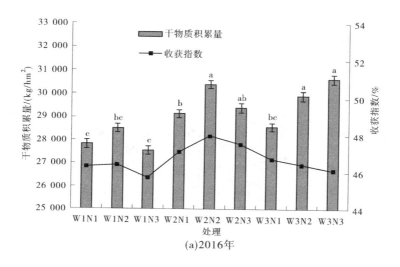

(a)2016年

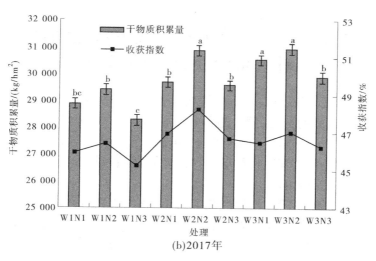

(b)2017年

图4-2　收获后玉米地上部干物质、收获指数

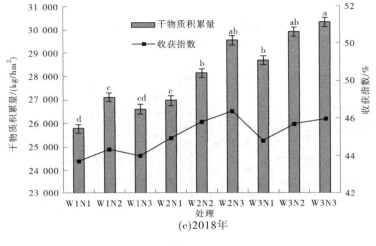

(c)2018年

续图 4-2

4.2 膜下滴灌种植模式下水肥耦合 对玉米收获指数的影响

收获指数可以反映光合产物在生殖器官(籽粒)与营养器官(叶片、秸秆等)间的分配,同一施氮水平下,W1、W3 的收获指数均小于 W2,W1 条件下玉米受到水分胁迫,植株总干物质积累和籽粒产量较低,灌溉量提升至 W2,收获指数明显增大,而继续增加至 W3 后,收获指数下降(见图 4-2)。

相同灌溉水平下,平水年,施氮量由 N1 增加至 N2,收获指数有小幅增大,继续增加至 N3,收获指数明显减小,过量施氮更多地贡献给营养器官。但 2018 年(枯水年),收获指数随着施肥量增加逐渐增大。在本试验条件下,平水年,W2N2 可获得较高的收获指数;枯水年,W2N3 可较好地协调光合产物的分配。

4.3　膜下滴灌种植模式下水肥
耦合对玉米产量的影响

4.3.1　产量构成因子分析

由不同水肥处理产量构成因子的数据统计学分析可以看出,不同水肥组合处理间玉米穗宽没有明显差异,但穗行数、穗长、行粒数均随着水肥施用量增加逐渐增大,说明补灌和增施肥料对穗行数、穗长、行粒数有促进作用,但不同水肥施用对穗宽影响不明显,见表4-4~表4-9。

表4-4　2016年不同水肥处理玉米穗长与穗宽特性

处理	穗长/ cm	标准差/ cm	差异 显著性	穗宽/ cm	标准差/ cm	差异 显著性
W1N1	17.23	0.58	bc	5.87	0.09	ab
W1N2	17.33	0.42	bc	5.47	0.11	b
W1N3	16.80	1.15	cd	5.57	0.12	b
W2N1	19.27	0.57	a	5.6	0.05	ab
W2N2	18.13	0.25	b	5.77	0.09	ab
W2N3	17.67	0.58	bc	5.83	0.05	ab
W3N1	16.20	0.76	d	5.57	0.12	b
W3N2	19.10	0.44	a	5.67	0.05	ab
W3N3	16.40	0.99	cd	5.6	0.13	ab

表 4-5　2017 年不同水肥处理玉米穗长与穗宽特性

处理	穗长/cm	标准差/cm	差异显著性	穗宽/cm	标准差/cm	差异显著性
W1N1	17.5	0.5	bc	5.3	0.1	ab
W1N2	16.33	0.58	c	5.23	0.12	ab
W1N3	15.67	0.58	d	5.27	0.12	ab
W2N1	17	0	bc	5.13	0.15	b
W2N2	16	0	c	5.05	0.13	b
W2N3	16.83	0.29	bc	5.2	0.17	ab
W3N1	17.7	0.1	ab	5.25	0.05	ab
W3N2	16.67	0.29	c	5.47	0.06	a
W3N3	18.5	1	a	5.45	0.23	a

表 4-6　2018 年不同水肥处理玉米穗长与穗宽特性

处理	穗长/cm	标准差/cm	差异显著性	穗宽/cm	标准差/cm	差异显著性
W1N1	17.57	0.93	b	5.67	0.06	ab
W1N2	17.70	0.70	b	5.73	0.15	ab
W1N3	19.23	0.91	a	5.80	0.17	ab
W2N1	17.73	0.64	b	5.53	0.06	b
W2N2	18.70	0.87	a	5.57	0.06	ab
W2N3	17.60	0.75	b	5.73	0.06	ab
W3N1	18.33	1.17	ab	5.63	0.12	ab
W3N2	18.70	0.87	a	5.83	0.06	a
W3N3	17.07	0.25	b	5.77	0.06	ab

表 4-7　2016 年不同水肥处理玉米行粒数与穗行数特性

处理	行粒数/个	标准差/个	差异显著性	穗行数/行	标准差/行	差异显著性
W1N1	34.69	1.16	b	19.33	1.12	b
W1N2	34.33	2.31	b	18.67	1.12	cd
W1N3	31.33	1.53	c	18.67	1.12	b
W2N1	35	0.01	b	18.67	1.12	b
W2N2	33.67	1.16	b	18.67	1.12	a
W2N3	32	1.73	c	19.33	1.12	b
W3N1	33.33	3.22	b	19.33	1.12	a
W3N2	37.33	0.58	a	18.67	1.12	a
W3N3	36.33	2.8	a	19.33	1.12	ab

表 4-8　2017 年不同水肥处理玉米行粒数与穗行数特性

处理	行粒数/个	标准差/个	差异显著性	穗行数/行	标准差/行	差异显著性
W1N1	34.67	1.76	c	19.33	0.51	a
W1N2	34.33	1.67	d	18.67	0.77	ab
W1N3	31.33	3.06	bc	18.67	0.96	ab
W2N1	35	1.09	a	18.67	0.38	ab
W2N2	33.67	0.58	abc	18.67	0.69	ab
W2N3	32	1.45	bc	19.33	0.58	a
W3N1	30	0.69	d	19.33	0.69	a
W3N2	37.33	1.84	ab	18.67	0.84	ab
W3N3	29.67	1.76	d	19.33	0.58	a

表 4-9　2018 年不同水肥处理玉米行粒数与穗行数特性

处理	行粒数/个	标准差/个	差异显著性	穗行数/行	标准差/行	差异显著性
W1N1	34.00	2.65	c	18.67	1.15	ab
W1N2	36.67	1.53	b	18.00	0	b
W1N3	37.67	2.31	ab	19.33	1.15	a
W2N1	36.33	0.58	b	18.67	1.15	ab
W2N2	35.67	1.53	bc	18.67	1.15	ab
W2N3	35.33	0.58	bc	18.00	2.00	b
W3N1	37.67	2.89	ab	18.67	1.15	ab
W3N2	39.00	2.00	a	19.33	1.15	a
W3N3	34.33	2.89	c	17.33	1.15	b

低水条件下,各个施肥处理之间百粒重差异不明显,穗粒重低肥和中肥差异显著,中肥和高肥差异不显著,见表 4-10~表 4-12。因为水分是营养物质的载体,水分不足,即使增加施肥量,养分也不能被输送到籽粒中,且过量施肥降低了穗粒重。高水和中水条件下各施肥处理明显高于低水条件下的施肥处理,但中水和高水之间百粒重、穗粒重差异不明显,说明达到适宜的灌溉量后继续提高水分已不能进一步提高籽粒重,水分过剩引起水土环境中的根系呼吸减弱,影响营养物质向籽粒的传输。在中高灌溉水平下,高肥和中肥处理的百粒重无显著性差异,但均显著高于低肥处理,说明水分充足情况下,在一定条件下增加施肥量可促进营养物质向籽粒的传输,增加了百粒重和穗粒重。但施肥过量会引起土壤环境离子浓度加大,影响根系对土壤水分的吸收,导致百粒重和穗粒重有降低的趋势。

表 4-10　2016 年不同水肥处理玉米百粒重与穗粒重特性

处理	百粒重/g	标准差/g	差异显著性	穗粒重/g	标准差/g	差异显著性
W1N1	35.05	0.55	e	236.48	5.65	b
W1N2	36.27	0.55	cde	219.24	5.91	c
W1N3	35.76	0.98	de	196.66	6.15	d
W2N1	37.48	0.46	bc	215.92	5.65	c
W2N2	39.33	0.97	a	235.96	5.40	b
W2N3	38.65	0.82	ab	197.66	5.76	d
W3N1	37.06	0.56	cd	216.22	6.08	c
W3N2	39.61	0.81	a	254.59	5.22	a
W3N3	39.00	0.94	a	211.05	5.71	c

表 4-11　2017 年不同水肥处理玉米百粒重与穗粒重特性

处理	百粒重/g	标准差/g	差异显著性	穗粒重/g	标准差/g	差异显著性
W1N1	30.48	0.51	c	218.90	14.90	b
W1N2	33.60	0.23	b	223.15	20.77	b
W1N3	30.87	1.20	c	214.03	21.08	bc
W2N1	32.54	0.45	b	249.89	18.93	a
W2N2	32.63	0.51	b	241.94	19.95	a
W2N3	28.76	1.28	d	206.82	20.71	c
W3N1	33.27	0.97	b	242.67	12.47	a
W3N2	34.08	0.53	b	248.92	17.04	a
W3N3	30.90	0.33	c	223.66	3.65	b

表 4-12　2018 年不同水肥处理玉米百粒重与穗粒重特性

处理	百粒重/ g	标准差/ g	差异 显著性	穗粒重/ g	标准差/ g	差异 显著性
W1N1	34. 96	0. 13	b	221. 59	16. 85	c
W1N2	36. 69	0. 36	ab	242. 09	7. 82	b
W1N3	35. 21	0. 10	b	256. 08	16. 58	a
W2N1	32. 42	0. 72	c	219. 84	13. 77	c
W2N2	35. 61	0. 29	b	237. 25	21. 48	bc
W2N3	35. 88	0. 44	ab	228. 08	24. 70	c
W3N1	34. 71	0. 27	b	243. 63	15. 18	b
W3N2	35. 06	0. 63	b	264. 60	25. 75	a
W3N3	37. 62	0. 15	a	224. 72	33. 18	c

4.3.2　水肥单因素影响效应的对比

2016~2018 年不同水氮处理下的玉米产量,总趋势表现为产量随水氮投入量的增加而增大。2016 年和 2018 年,W3N3 产量最高,且均与 W2N3 差异不显著;2017 年,W2N2 产量最高,W3N2 次之。由图 4-3(a)可知,三种施氮水平下,产量随灌水量的增加逐渐升高,W3 平均产量较 W2 增加了 611. 09 kg/hm², W2 平均产量较 W1 增加了 1 068. 07 kg/hm²,W3 灌溉水平的增产效应小于 W2。由图 4-3(b)可知,2016 年和 2018 年,W1 水平下,产量随施氮量的增加呈现先增加后降低的趋势,但产量总体水平低,不能有效地发挥氮肥对产量的贡献能力;W2 和 W3 条件下,N3 平均产量较 N2 增加 565. 79 kg/hm²,N2 平均产量较 N1 增加 466. 85 kg/hm²,产量随施肥量增加逐渐升高。2017 年,三种灌溉条件下,均为施氮量 N2 水平产量最高,水、氮单因素随着施用水平的提升,对产量贡献递减。

4.3.3　玉米产量、ET_c、WUE

2016~2018 年不同水氮处理的 WUE 范围分别为 2. 78~2. 99 kg/m³、2. 61~3. 14 kg/m³、2. 72~3. 22 kg/m³,平水年,W2N2 处理 WUE

最高;枯水年,W2N3 处理 WUE 最高(见表4-13)。相同施氮水平下,
W2 可获得最高的 WUE;相同灌溉水平下,平水年,N2 可获得最高的
WUE;枯水年,W2 和 W3 灌溉水平下,WUE 随着施氮量增加持续增大,
但中氮和高氮无显著差异。可见,水、氮施用量的增加可以提高 WUE,
但过量会导致 WUE 降低或者增加不显著。

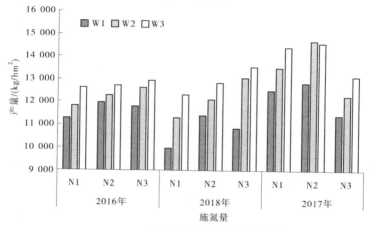

(a)不同施氮量对产量的影响

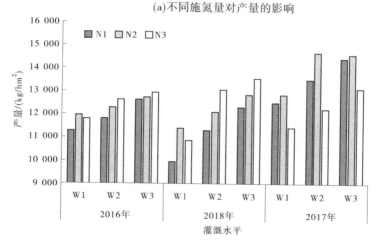

(b)不同灌溉水平对产量的影响

图4-3 水、氮单因素对产量的影响

表 4-13　不同水氮处理对玉米产量与 ETc、WUE 的影响

处理	产量/(kg/hm²)			ETc/mm			WUE/(kg/m³)		
	2016 年	2017 年	2018 年	2016 年	2017 年	2018 年	2016 年	2017 年	2018 年
W1N1	11 266.95c	12 499.47c	9 952.35e	397.12c	457.28b	366.37c	2.84b	2.73c	2.72c
W1N2	11 964.75bc	12 836.05b	11 402.4d	402.33c	454.24b	368.77c	2.98ab	2.83bc	3.09ab
W1N3	11 788.8bc	11 408.49d	10 846.95d	402.91c	447.28b	365.72c	2.93ab	2.55d	2.97b
W2N1	11 823bc	13 510.05b	11 294.1d	411.54b	467.57b	405.47b	2.87ab	2.89b	2.79c
W2N2	12 271.2b	14 687.4a	12 075.6c	410.26b	467.86b	405.78b	2.99a	3.14a	2.98b
W2N3	12 618ab	12 236.7c	13 062.75ab	425.38b	468.15b	405.18b	2.97ab	2.61cd	3.22a
W3N1	12 619.05ab	14 401.65a	12 308.55bc	453.59a	498.98a	429.46a	2.78b	2.89b	2.87bc
W3N2	12 726.95a	14 580.3a	12 838.35b	456.64a	497.1a	428.25a	2.79b	2.93b	3ab
W3N3	12 950.7a	13 109.25b	13 543.8a	461.25a	496.56a	429.84a	2.81b	2.64cd	3.16a
F　W	40.67**	87.14**	150.58**	72.49**	39.63**	76.32**	5.43*	6.65**	NS
F　N	11.23**	97.13**	55.78**	NS	NS	NS	NS	28.47**	22.01*
F　W×N	NS	4.16**	7.6**	NS	NS	NS	NS	NS	NS

注：*、** 分别表示在 5%、1% 水平显著，NS 表示差异不显著。

4.4　小　结

研究表明,相对于提高施氮量,灌水量的提高对产量的影响更大,这可能是本试验采用了膜下滴灌的节水灌溉方式,提高了水分利用效率,突出了灌水对产量的影响,且本试验枯水年灌水量对产量的影响显著高于平水年。前人研究了不同灌溉策略对玉米产量的影响,研究表明降雨量少的年份,灌溉对产量的影响更显著。由此分析,本试验结论与前人研究的异同与灌溉方式和水文年型不同有关。

本研究中,2017 年,相同灌溉水平下,施氮量为 N3 的处理产量均最低,这与当年降雨量大且时空分布不均有关,降低了灌溉对产量的影响,同时玉米在生育前期 N3 处理消耗了大量养分进行营养生长,后期大暴雨又使灌浆期追氮被淋洗,使产量水平大幅降低。其余年份,水氮耦合对产量较大的响应能力发生在中、高灌溉与施氮水平区域,最高的产量发生在 W3N3 处理,但是与 W2N3、W3N2 处理无显著差异,可见大量投入水氮虽然可以获得绝对高产,但增产能力太低。一些研究人员对小麦、棉花、油菜、番茄、黄瓜的研究也得到了相似的结论。平水年,W2N2 处理 WUE 最高,枯水年,W2N3 处理 WUE 最高,均未出现在产量最高的 W3N3 处理,且最高的 WUE 均发生在 W2 灌溉水平下。可见,适宜的灌溉量可获得较高的水分利用效率,施氮量可以根据水文年型变化进行调整。因此,根据不同水文年型推荐水肥耦合区域较为合理。

第 5 章　适宜的水肥耦合区域

5.1　基于频数分析的水肥置信区间

利用水、氮-产量试验数据,按照多元线性回归拟合,得到灌水量和施氮量对玉米产量的回归方程:

2016 年:

$$Y = 5\ 066.119\ 4 + 4.957\ 1W + 3.371\ 6N + 0.001\ 4WN -$$
$$0.001W^2 - 0.005\ 1N^2,\quad R^2 = 0.952 \tag{5-1}$$

2017 年:

$$Y = -40\ 828.440\ 2 + 23.306\ 8W + 230.257\ 9N - 0.013WN -$$
$$0.004\ 5W^2 - 0.388\ 6N^2,\quad R^2 = 0.927 \tag{5-2}$$

2018 年:

$$Y = -10\ 248.129\ 6 + 8.670\ 3W + 65.615\ 7N + 0.004\ 6WN -$$
$$0.001\ 8W^2 - 0.113\ 3N^2,\quad R^2 = 0.973 \tag{5-3}$$

式中:W 为灌水量;N 为施氮量。

利用方程作图(见图 5-1),2016 年和 2018 年"绝对"高产发生在高水高氮耦合区域,2017 年在中水中氮和高水中氮区域。从图 5-1 可以直观看出,最高的水氮投入下,曲面坡度较为平缓或出现下降,水氮投入的增产能力很低,水氮互作效应明显减弱,且在很高的灌溉量下,随着施氮水平的降低,互作效应减弱并消失。中等偏低施氮水平下,随着灌水量增加,产量逐渐增加,但施氮量的增加对产量几乎没有影响。水氮均处于最低值时,虽产量增长迅速,但影响过程很短且产量很低。

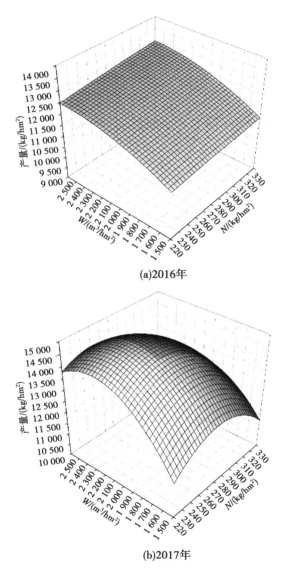

(a)2016年

(b)2017年

图 5-1　水氮交互对玉米产量的影响

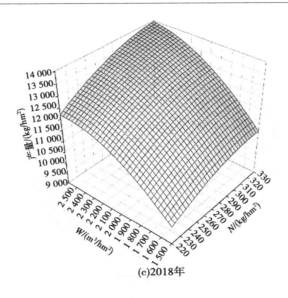

(c)2018年

续图 5-1

灌水量和施氮量单位不同,对水、氮数据进行离差标准化,作线性变换统一量纲,使水、氮二因素不同数值均在区间[0,1]内,按照多元线性回归拟合,得到灌水量和施氮量对玉米产量的回归方程:

2016 年:

$$Y = 11\ 240.904\ 3 + 2\ 161.860\ 5W + 338.594\ 2N + 138.51WN -$$
$$836.315\ 5W^2 - 56.913\ 9N^2, \quad R^2 = 0.952 \qquad (5\text{-}4)$$

$$Y = -0.016\ 6 + 1.287\ 7W + 0.202\ 8N + 0.085\ 5WN -$$
$$0.518\ 0W^2 - 0.038\ 6N^2, \quad R^2 = 0.909 \qquad (5\text{-}5)$$

2017 年:

$$Y = 11\ 715.988\ 9 + 5\ 034.424\ 2W + 3\ 885.287\ 2N - 1\ 001.913\ 7WN -$$
$$2\ 370.972\ 7W^2 - 4\ 377.764\ 3N^2, \quad R^2 = 0.927 \qquad (5\text{-}6)$$

$$Y = 0.094\ 9 + 1.521\ 3W + 1.199\ 6N - 0.300\ 6WN - 0.712\ 6W^2 -$$
$$1.347\ 7N^2, \quad R^2 = 0.947 \qquad (5\text{-}7)$$

2018 年：

$$Y = 10\ 028.882\ 0 + 3\ 307.994\ 4W + 2\ 401.873\ 5N + 423.289\ 2WN -$$
$$1\ 269.287\ 5W^2 - 1\ 295.253\ 5N^2, \quad R^2 = 0.973 \tag{5-8}$$

$$Y = 0.019\ 7 + 0.924\ 5W + 0.657\ 9N + 0.113\ 4WN - 0.353\ 6W^2 -$$
$$0.346\ 0N^2, \quad R^2 = 0.952 \tag{5-9}$$

在[0,1]区间内将水氮等步长划分为 7 个水平(0、0.17、0.33、0.50、0.67、0.83、1.00),全部组合共计 49 套,2016 年和 2018 年超过试验平均产量(12 203.27 kg/hm² 和 11 924.98 kg/hm²)的方案共 32 套,占全部方案的 65.31%;2017 年超过本试验平均产量(13 252.17 kg/hm²)的方案共 30 套,占全部方案的 61.22%。对不同水平灌水量和施氮量进行频数统计分析(见表 5-1),得到 2016 年灌水量 2 103.50~2 253.31 m³/hm²、施氮量 268.34~295.39 kg/hm²,2017 年灌水量 1 897.17~2 036.09 m³/hm²、施氮量 256.08~277.41 kg/hm²,2018 年灌水量 2 198.62~2 348.29 m³/hm²、施氮量 271.64~296.49 kg/hm²,有 95%的概率能获得超过本年度的平均玉米产量。

5.2　水肥耦合区域

碱解氮残留的环境风险较低处理是 W2N2;2016 年、2017 年,W2N2 可获得较高的收获指数和 WUE,2016 年,W3N2 和 W3N3 获得最高产量且差异不显著,2017 年和 2018 年分别为 W2N2 和 W3N3。

2018 年 W2N3 可较好地协调光合产物的分配;高于试验平均产量的水氮 95%置信区间分别为 2016 年灌水 2 103.50~2 253.31 m³/hm²、施氮 268.34~295.39 kg/hm²,2017 年灌水 1 897.17~2 036.09 m³/hm²、施氮 256.08~277.41 kg/hm²,2018 年灌水 2 198.62~2 348.29 m³/hm²、施氮 271.64~296.49 kg/hm²。以散点图形象表达不同水氮耦合区域,可得出一个椭圆区域(见图 5-2),将散点加权平均求

表 5-1 玉米产量大于平均值的因子取值频数分布及配比方案

水平编码	2016年				2017年				2018年			
	W/(m³/hm²)		N/(kg/hm²)		W/(m³/hm²)		N/(kg/hm²)		W/(m³/hm²)		N/(kg/hm²)	
	次数	频数	次数	频数	次数	频数	次数	频数	次数	频数	次数	频数
0	0	0	3.00	10.34	0	0	5.00	16.13	0	0	2.00	6.67
0.17	0	0	4.00	13.79	2.00	6.45	5.00	16.13	0	0	4.00	13.33
0.33	2	6.90	4.00	13.79	5.00	16.13	6.00	19.35	4.00	13.33	4.00	13.33
0.50	6	20.69	4.00	13.79	6.00	19.35	6.00	19.35	6.00	20.00	5.00	16.67
0.67	7	24.14	4.00	13.79	6.00	19.35	5.00	16.13	6.00	20.00	5.00	16.67
0.83	7	24.14	5.00	17.24	6.00	19.35	4.00	12.90	7.00	23.33	5.00	16.67
1.00	7	24.14	5.00	17.24	6.00	19.35	0	0	7.00	23.33	5.00	16.67
总次数	29		29		31		31		30		30	
编码加权均值	0.729 7		0.545 9		0.644 8		0.403 2		0.705 0		0.566 7	
95%置信区间	0.649 5~ 0.809 8		0.418 3~ 0.673 5		0.549 2~ 0.740 5		0.302 6~ 0.503 9		0.618 9~ 0.791 1		0.449 5~ 0.683 9	
优选区间	2 103.50~ 2 253.31		268.34~ 295.39		1 897.17~ 2 036.09		256.08~ 277.41		2 198.62~ 2 348.29		271.64~ 296.49	

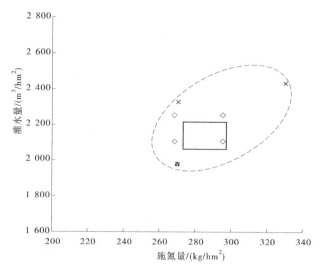

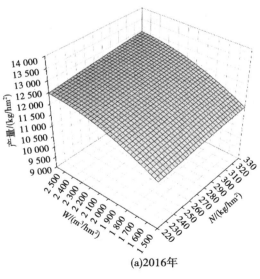

(a)2016年

图 5-2 水氮耦合区域图形表达

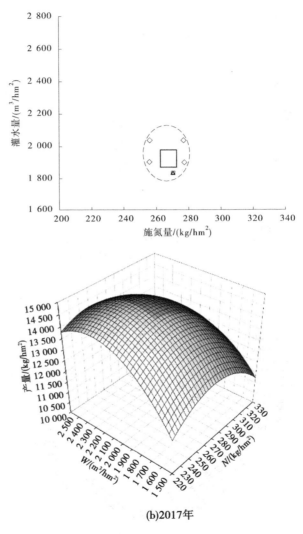

(b)2017年

续图 5-2

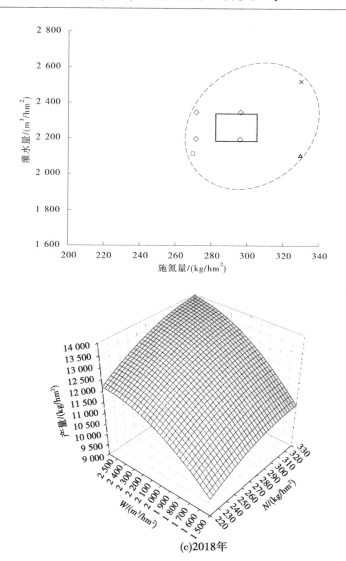

(c)2018年

◇高于试验均产的置信耦合量;□残留有效氮环境风险较低的耦合量;
×水氮互作协同效应较高的耦合量;△试验获得的"绝对"高产的耦合量。

续图 5-2

出中心点,取极值之差的 20% 作为偏离度,得到的矩形区域即为本研究兼顾 WUE、高产和碱解氮残留的环境效应下的最佳水氮耦合区间,2016 年灌水量 2 086. 65~2 268. 85 m^3/hm^2、施氮量 271. 09~295. 76 kg/hm^2,2017 年灌水量 1 897. 17~2 036. 09 m^3/hm^2、施氮量 256. 08~277. 41 kg/hm^2,2018 年灌水量 2 198. 62~2 348. 29 m^3/hm^2、施氮量 271. 64~296. 49 kg/hm^2。

5.3　小　结

综合玉米产量、收获指数、水分利用效率和土壤环境效应的多目标最优水氮耦合区,平水年灌水量为 2 086. 65~2 268. 85 m^3/hm^2,施氮量为 271. 09~295. 76 kg/hm^2;平水偏丰年灌水量为 1 897. 17~2 036. 09 m^3/hm^2,施氮量为 256. 08~277. 41 kg/hm^2;干旱年灌水量为 2 198. 62~2 348. 29 m^3/hm^2,施氮量为 271. 64~296. 49 kg/hm^2。

第6章 基于 DSSAT-CERES-Maize 模型的膜下滴灌种植模式下水肥耦合模拟

6.1 模型简介

6.1.1 DSSAT 模型发展

DSSAT 模型最初是 1982 年由农业技术转移国际基准网项目支持，并由美国农业部组织佛罗里达州立大学、乔治亚州立大学、密歇根州立大学、夏威夷州立大学、国际肥料发展中心和其他国际科研单位联合研制开发而成的综合计算机模型。其最初的目的一是将各种作物模型汇总；二是将模型输入和输出变量格式标准化，以便模型的普遍应用；三是通过集成土壤、气候、作物及管理知识，以满足不同土壤和气候条件下的生产技术的需求。1989 年 DSSAT 软件 v2.1 首次发布，随后 DSSAT 软件的更新版本相继发布。DSSAT 模型通过对输入、输出变量进行了格式标准化，使其具有操作简洁、功能强大、应用范围广等诸多优点。开发研制 DSSAT 模型的目的在于加速农业模型技术应用的推广普及，DSSAT 模型可逐日模拟作物的生长发育过程，主要用于农业产量预报、农业生产风险评估、农业试验分析以及气候对农业生产的影响评价等方面，同时为合理有效地利用农业和自然资源提供对策和决策。

DSSAT 模型是一个集成软件应用程序，随着 DSSAT v4.7 的发布，DSSAT 软件包括超过 42 种作物的作物模型以及模型应用所需的程序。这些程序工具包括土壤、天气、作物管理和试验数据的数据库管理程序、可视化应用程序和其他应用程序，从而有助于我们创建和管理试验、土壤和天气数据文件,同时 DSSAT v4.7 还包括用于季节、空间和作物轮作管理分析的改进应用程序,进而评估与灌溉、肥料和养分管理、气候变化、土壤固碳及精确管理相关的经济风险和环境影响。作物模型以土壤、植物、大气动力学的函数为基础,模拟作物生长、发育和产量构成。

DSSAT 模型开发至今已经在不同的时空尺度上得到了广泛应用,包括农场管理、气候变化和气候变化影响下的农业区域评估,基于基因建模的育种选择,水、氮资源管理,温室气体减排策略,以及基于土壤有机碳、氮平衡的农业长期可持续性。目前,DSSAT 模型已经被全球超过 150 个国家的 14 000 多名包括研究人员、教育工作者、顾问、推广代理、种植者、政策制定者和决策者在内的人员学习使用。作物模型输入数据包括日尺度的天气数据、土壤剖面信息数据及详细的作物管理措施数据。作物遗传信息在 DSSAT 模型提供的作物品种文件和用户提供的品种信息中定义。模型模拟从作物种植开始或种植之前的裸土休耕期开始,并以日为步长进行模拟(在某些特殊情况下,作物模型会以小时为步长进行特殊过程模拟)。每日模拟结束时,自动更新作物和土壤的水分、氮、磷和碳平衡数据,以及作物的营养和生殖发育阶段数据。DSSAT 模型将作物、土壤和天气数据库与作物模型及应用程序结合起来,进行作物管理策略等应用方面的模拟。

DSSAT 模型还提供了作物模型模拟结果输出与试验数据对比评估平台,从而允许用户对模拟结果与观测结果进行比较分析。这对所有作物模型应用之前,尤其是基于模型建模结果对现实世界的决策或建议制定都是至关重要的。作物模型评估是通过输入用户的模型运行所需数据,运行模型并将输出数据与观测数据进行比较来完成的。DSSAT 模型通过模拟作物管理策略的诸多可能结果,为用户提供信息,以便快速评估新品种及所采用的适宜的农业管理措施。模型参数的率定及校验工作是提高作物模型在不同地区模拟结果的准确性和作物模型模拟应用的必要前提,参数估计方法的差异能够得到各不相同的模型参数率定值及模型模拟结果。

6.1.2　DSSAT 模型结构

DSSAT 模型主要由五部分组成:数据库、作物模型系统、应用系统、辅助软件、用户界面。

6.1.2.1　数据库

数据库包括天气、土壤、试验条件和数据、作物品种信息,可以将模型应用于各种条件。

6.1.2.2　作物模型系统

作物模型系统(cropping system model,CSM)是 DSSAT 模型的核心,用于模拟规定或假定管理条件下某一均匀地块作物的生长、发育及产量变化,同时模拟作物系统中的土壤水、CO_2 及氮含量随时间的变化。作物模型系统由三部分组成,分别包括:①主驱动程序,用于控制每一个步骤的运行及每一步的风险;②土地单元模块,用来管理影响土地单元的所有模拟过程;③构成土地单元的主要模块,主要包括天气、土壤、作物、土壤-植物-大气交换,以及管理部分等子模块。子模块与主驱动程序操作步骤完全相同,可以利用输入界面的参数,输出新的变量;而且可以采用一个新的模块或者编写作物生长模块集成到植株模块中,进行不同种类作物的模拟。作物模块主要有豆类作物 CROPGRO 模型,包括大豆、花生、干豆、鹰嘴豆等;非豆类 CROPGRO 模型,包括番茄、百喜草等;谷物类作物 CERES 系列模型,包括玉米、小麦、大麦、水稻、高粱等;CANEGRO 模型;马铃薯 SUBSTOR 模型;木薯 CROPSIM-cassava 模型;向日葵 OILCROP 模型。模型模拟过程以天为步长,按照作物生育期详细描述作物生长和发育过程。

6.1.2.3　应用系统

应用系统部分可以进行模拟试验,并显示模拟结果,包括检验/敏感性分析,对变化的土壤、气象、管理或是作物遗传参数进行分析;季节决策分析,可以评估一个生长季节内的管理决策,包括农作物品种信息、播种信息、灌水信息和施肥信息等;作物轮作/顺序分析,可以对一种作物或多种作物连作进行模拟,以此分析不同农作物策略或者管理策略对作物或土壤的长期效应;空间分析,主要分析气象、土壤及管理信息在空间区域上的变异性。

6.1.2.4　辅助软件

　　辅助软件方便用户完成数据库构建、结果查询及模型评价,包括试验设计模块(Xbuild),用于输入作物管理信息,标准化数据格式;图像分析模块(Gbuild),用于展示模拟值和实测值图形,并给出统计评估结果;土壤信息模块(Sbuild),用于创建和编辑土壤数据信息;气象数据模块(WeatherMan),用于创建或生成气象数据;实测数据管理模块(ATCreat),用于输入各种测定的试验数据结果。

6.1.2.5　用户界面

　　用户界面用于以上各种信息的展示与操作,用户可以通过操作界面轻松实现各种操作,有助于用户对模型的掌握。DSSAT-CSM 的组成和结构见图6-1。

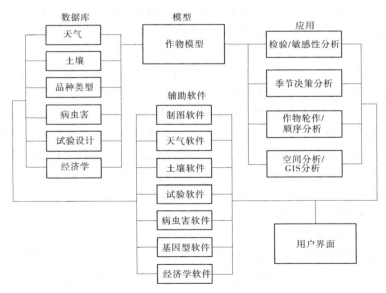

图 6-1　DSSAT-CSM 的组成和结构

6.1.3　DSSAT 模型所需数据

　　DSSAT 模型需要模型操作的最小数据集,包括作物树冠顶部的日总太阳辐射、作物上方的最高气温和最低气温及降雨量的记录。DSSAT 模型还需要不同土层土壤的持水特性。模型需要一个能适应不同土层中几个不利土壤因素对根系生长影响的根权重因子,如土壤 pH 值、土壤阻抗和盐度;需要额外的土壤参数计算地表径流、土壤表面蒸发和排水(Ritchie,1972);还需要土壤水、硝酸盐和铵的初始值,以及对上一季作物地上和地下残留的估计。典型的作物管理因素包括种植日期、种植深度、行距、植物数量、施肥、灌溉和接种,以及作物管理的其他方面,包括对环境的改变(如光周期的延长),一些作物的苗床配置等。DSSAT 模型还需要相关基因型的参数。为了运行一个作物模拟模型,需要一个最小的输入数据集。所面临的挑战是如何定义一种比较容易被作物模型用户收集并提供合理的模拟结果的最小输入数据集,然而庞大的作物建模社区一直未能就最小输入数据集的标准定义达成一致。IBSNAT 项目的成果和成功之一是定义了一种最小输入数据集,所有 CERES-Maize、CERES-Wheat、SOYGRO 和 PNUTGRO 模型的作物模型开发人员都可以接受这种最小输入数据集。该最小输入数据集包括每日天气数据、土壤表面和土壤剖面信息、作物管理及模拟开始时的初始条件。虽然最小输入数据集是专门为作物模型应用定义的,但 IBSNAT 社区也试图强调,这些数据应该包括为所有农学试验收集的基本信息,以充分了解基因型、环境、管理的相互作用。

　　最小天气数据包括气象站的元数据,特别是纬度、经度、海拔和传感器高度,以及每日最高温度和最低温度、降雨量及太阳辐射。虽然太阳辐射在许多偏远地区通常不测量,但它是使用 Priestley-Taylor 方程精确模拟光合作用和潜在蒸腾作用所必需的输入。最小土壤数据包括测量土壤条件的位置的元数据:土壤表面颜色、坡度、排水特性和渗透性,以及每个土壤土层的土壤质地、容重和土壤有机碳。DSSAT 模型仅模拟具有垂直流动的一维水平衡,以满足模型用户(特别是应用程序)相对简单的输入要求。作物管理数据包括作物和品种选择、种植日期、播种密度、行距、播种深度、灌溉和肥料投入。对于灌溉处理和情景,必须确定灌溉的日期、灌溉水量和类型;对于施肥处理和情景,必须确定无机肥料的日期、用量和类型,以及施用的深度。对于使用动植物材料的有机肥,必须规定有机肥的种类和组成。如果一种作物(如水稻、番茄或其他蔬菜)被移植,移植材料的初始重量、年龄和苗圃的温度必须输入。对于马铃薯,其种子重量也需要输入;对于木薯,还必须确定重量和长度及种植方向;对于甘蔗,还要输入初始甘蔗量。这些输入可能看起来很复杂,但是对所有管理活动的适当记录基本包含大部分信息。对于一些作物,包括土豆和木薯,收获日期也必须确定。模拟开始时的边界或初始条件也非常重要,特别是对于土壤环境,每个土层都需要初始土壤含水量、硝态氮和铵态氮,以及上一季作物的地上生物量残留和根系及其组成。除非有特定的设备和人员观测,否则很难有这些资料,但是可以利用 DSSAT 模型提供的工具来估计这些条件。前面列出的用于天气、土壤、作物管理和初始条件的输入数据是运行模型所需的最小输入数据集。为了进行模型校准、评估和改进,需要对作物和土壤进行测量,以便在模拟数据和观测数据之间进行比较。根据研究的目标和目的,测量可以包括产量和产量组成、详细的作物物候、作物生长分析和土壤剖面测量,如土壤湿度、硝态氮、铵态氮、有机碳及其他信息。所需的测量数量应该基于模型应用程序,而不是要求研究人员收集尽可能多的数据。例如,为同一品种或杂种收集的多个地点和多年的品种试验数据可能非常有用,但通常在这些试验中只记录产量、一些产量成分和物候事件。

6.1.4　DSSAT 模型输入工具

大多数研究人员都有自己的方法来记录数据,包括野外书本编辑、电子表格和其他电子媒体中的试验数据。这些个体差异使得将测量数据转换成可直接应用于作物建模系统的格式变得有些困难。因此,DSSAT 模型为输入天气、土壤、作物管理和观测数据提供了特定的工具。

6.1.4.1 作物管理输入工具 XBuild

XBuild 工具是将输入的作物管理数据存储在一个作物管理文件中。该工具是这样设计的:用户第一次进入之后首先定义试验字段,尤其是气象站和土壤剖面的相关试验,其次是确定作物和品种选择、种植信息。初始条件在工具的环境部分定义。用户可以为每个管理场景输入不同的水平,如多个栽培品种或杂交品种、不同的种植日期及灌溉和施肥的不同输入水平和应用日期。输入所有具体信息后,用户定义每个单独处理的具体信息,包括田地位置、作物和品种、种植细节、初始条件和适当的灌溉及肥料水平,类似于研究人员定义农艺试验处理的方式。

6.1.4.2 气象输入工具 WeatherMan

WeatherMan 工具允许将天气数据输入和格式化到 DSSAT 模型天气文件中。用户可以更好地从电子表格中导入天气数据,同时 WeatherMan 工具也可以处理其他格式,包括 CSV 文本文件和 ASCII 文本文件。数据导入天气预报程序后,可以应用质量控制程序来识别连续两天的极值或极值变化及任何缺省值。天气预报程序会创建一个新的内部数据库,其中包含所谓的“修正”数据。最后一个步骤是将数据导出为 DSSAT 格式的天气文件。

6.1.4.3 土壤数据输入工具 SBuild

DSSAT 模型中的土壤水分平衡模拟基于“翻桶法”,其中包含三个关键的土壤水分变量:饱和含水量(SAT)、排水上限(DUL)和植物可提取水的下限(LL)。虽然有专门测量这些参数的方法程序,但它们不是很常见且需要大量的试验资源。DSSAT 模型的 SBuild 程序允许用户输入土壤表面信息,包括土壤颜色、坡度、渗透性和排水特性,以及每个土壤层的土壤质地、容重和有机碳。然后,SBuild 使用内部转换函数计算每个土壤层的 SAT、DUL 和 LL,并将该特定土壤剖面的信息保存在土壤输入文件中。

6.1.4.4 田间观测数据输入工具 ATCreate

用于模型评估的观测数据在 DSSAT 模型中可分为两类。第一类测量数据称为汇总概要数据,包括关键物候期、最终收获的产量和产量组成部分,以及在关键阶段可以获得的其他测量数据,如最大叶面积指数(LAI_{max})或籽粒氮浓度。概要数据存储在 FileA 中,每个处理存储一行。第二类测量数据称为时间序列数据,用于生长信息、土壤含水量、土壤氮含量及其他可用于模型评估的与时间序列相关的数据。时间序列数据存储在 FileT 中,按照处理和观察日期进行组织排序。还可以存储单个处理不同重复的观测结果。ATCreate 程序允许用户手动或通过导入电子表格或文本文件来输入观察结果,从而为每个试验创建 FileA 和 FileT。为每一列数据选择适当的标头是很重要的,这样 DSSAT 模型中的其他程序就能够识别观测到变量。一个名为 DATA.CDE 的文件专门保存了这些变量的名称(缩写名称、全称和单位),这样所有的模块就可以共享标头名称,并且 DSSAT 模型中的绘图程序和其他程序也可以读取这些名称。

6.1.5　DSSAT 模型中遗传数据的模拟

对于 CERES 类型的作物,物种遗传属性参数存在于源代码中(作为生长阶段划分的异速生长关系),以及物种(sep)、生态型(eco)和品种(cul)文件中。CROPGRO 类型的作物是单一通用的源代码,该物种文件包含所有遗传参数和温度、各个器官组成、氮对光合过程的影响及其他与之相关的敏感过程的参数(出叶率、生殖过程速率、光合作用、呼吸作用、叶面积扩张、蛋白质合成、豆荚生长和种子增长率)。物种文件和生态型文件只允许模型开发人员调整,而模型用户只需要修改品种文件来模拟不同栽培品种。例如,品种文件包含关键的光周期参数、达到特定生长阶段所需的光热持续时间(或热单位),以及影响光合作用、出叶率、种子大小、种子灌浆持续时间和种子组成的其他性状。品种参数的数量是变化的,这取决于所使用的作物模块。例如,DSSAT-CERES-Maize 模型包含 6 个品种参数,而 CROPGRO 模型包含 18 个品种参数。

6.1.5.1　估计具体基因型参数

DSSAT 模型系统定义了特定基因型输入,通常称为特定基因型参数(genotype-specific parameters, GSPs),因此允许用户定义不同的品种、杂种、无性系和其他种子材料之间的差异。虽然用户在评估不同的本地管理情况下的基因型表现方面有很大的灵活性,但也存在挑战。作为模型开发人员,DSSAT 小组除提供 DSSAT 模型中包含的特定试验外,无法提供本地化品种特定的参数,这意味着模型必须首先为本地遗传品种参数进行校准,这需要与前面描述的最小输入数据集相关的一些关键观测数据。一旦输入了作物管理和观测数据,就必须使用人工或优化工具对特定的品种进行校准。最终目标是尽量减少模拟和观察到的物候期、产量和产量成分之间的误差。在 DSSAT 模型生态系统中,有两种工具可以用于作物品种校准,即 GLUE(general likelihood uncertainty estimation)工具和 GENCALC(genetic coefficient calculator)工具。此外,敏感性分析工具可以通过设定特定品种系数的范围和增量,将模拟数据与观测数据进行比较,提高一个或多个品种系数的值。

6.1.5.2　一般似然不确定估计

一般似然不确定估计(GLUE)是一种统计方法,它产生的多组参数值的概率与最终解的概率相等。该方法最早由 Beven 和 Binley(1992)提出,用于水文过程建模。He 等(2011, 2012)对 CSM-CERES-Sweetcorn 模型进行了初步评价,在现有 DSSAT 模型品种数据库的基础上,确定各品种参数的均值和方差,证明其方法的可靠性,并作为一种新的估计 GSPs 的工具包含在 DSSAT 模型中。要估计新栽培品种最可能的 GSPs 值,用户首先必须提供与天气、土壤和作物管理相关的所需输入文件,以及基本的观测结果,特别是物候学、产量和产量组成部分。虽然用户可以仅用一组处理结果估计 GSPs,但结果通常不是很可靠。因此,建议至少使用两种来自不同环境的非胁迫处理,分别代表不同的地点、种植日期或年份。一旦模型运行正常,就可以用 GLUE 来估计 GSPs,首先是针对物候学的 GSPs,其次是针对产量和产量组成部分的 GSPs。对于 DSSAT 模型中的大多数作物,GSPs 的范围和方差在一个输入文件中提供,GLUE 使用该文件来估计不确定性。GLUE 的最终结果是评估每个 GSPs 最可能值的列表。

6.1.6　DSSAT 模型分析工具

对于使用试验数据对模型进行性能评估,可视化工具不仅提供模拟数据与观察数据之间的可视化比较,还提供统计分析,这一点至关重要(Yang 等,2014)。DSSAT 模型中用于模拟与观测数据的可视化和比较的主要工具是 GBuild。

6.1.6.1　图形可视化 GBuild

　　GBuild 是一种用于模拟和试验数据可视化的分析工具。它使用户能够方便地绘制作物模型开发和评估期间经常使用的图形。GBuild 的基本设计基于一组代码,这些代码是代表不同变量的每一列数据的标题。GBuild 中的文件选择允许用户选择一个或多个输出文件进行绘图,以及变量和运行处理的任何组合,然后以图形方式展示。图形类型选择选项提供模拟结果的不同视图,包括时间序列,例如将模拟数据显示为种植日期或种植后天数(DAP)的函数,以及模拟数据与试验数据的对比。为了对比试验的模拟结果和观测结果,包括时间序列,或者季末数据,如开花期、成熟日期、产量和产量组成,GBuild 都会提供观测值和模拟结果的统计一致性指数(d-statistics)(Willmott 等,1985)和均方根误差(RMSE)。模拟数据和观察数据的图形输出可以直接可视化、打印并导出到 Excel 电子表格中,也可以导出到只有数据的文本文件中。

6.1.6.2　敏感性分析工具

　　除用真实世界的数据评估模型外,理解模型对特定输入的响应也很重要,比如天气数据、品种或杂交品种、土壤数据和单个 GSPs 的值。这种方法,除变化一个输入或参数外,所有的输入都保持不变,称为灵敏度分析。DSSAT 模型中开发的一种名为"敏感性分析"的工具,使用户能够评估模型对品种变化、单一 GSPs、土壤剖面、不同站点或年份的天气输入、植物和行距以及各种其他选项的敏感性。具有数值的变量(如种植日期)可以使用起始值、递增值和迭代次数进行更改。该程序自动创建一个新的试验文件准备运行,输入选定的灵敏度进行分析。在模拟之后,连接的 GBuild 图形程序允许对模拟结果和相关统计数据进行可视化分析。

6.1.7　DSSAT 模型源代码编译

　　本书中使用的 DSSAT v4.6 模型的模拟和改进均基于源代码的编

译,在 Linux 平台利用命令行运行。DSSAT 模型源代码是由 Fortran 语言编写的,其中每个小模块都存在一个. for 子文件中,利用编写好的 makefile 文件将所有文件逻辑关系进行连接并编译。

6.2　DSSAT 模型的输入数据

6.2.1　气象数据

气象模块的主要功能是读取和生成每天的天气数据。它从每日天气文件中读取每日天气值(最高气温和最低气温、太阳辐射和降雨量、相对湿度和风速)。一些特殊模块需要每小时的天气输入值。该模块使用 WGEN 或 SIMMETEO 天气生成器生成每日天气数据。它还可以修改每日天气变量来研究气候变化或模拟试验,在这些试验中,太阳辐射、降雨量、最高气温和最低气温、白昼长度和大气中的 CO_2 浓度被设置为恒定值或相对于其读取值增大或减小。根据管理文件提供的输入,气象模块知道是只读取每日值,还是生成或修改它们(使用环境修改子模块)。

DSSAT-CERES-Maize 模型所需气象数据包括太阳辐射、最高气温、最低气温和降雨量,均为逐日型数据。这些气象数据从距试验田大约 200 m 处的陕西省杨凌国家一般气象站获得。另外,由于试验是遮雨棚下控水试验,因此降雨量的输入值为 0。太阳辐射基于 Angstrom (1924)公式由气象站所测逐日日照时数计算得到:

$$R_s = R_{max} a_s + b_s \frac{n}{N} \tag{6-1}$$

式中:R_{max} 为日星级辐射,MJ/m^2;a_s、b_s 为与大气质量状况相关的常数,联合国粮食及农业组织 FAO 推荐 $a_s = 0.25$,$b_s = 0.50$;n 为逐日日照时数,h;N 为逐日最大可照时数,h;R_s 为日太阳总辐射,MJ/m^2。

2016~2018 年玉米生育期内最高气温、最低气温及太阳辐射如图 6-2 所示。通过 Weather Data 模块建立气象站及气象数据,建立气象站时要输入气象站经纬度及海拔($44°16'N$,$122°37'E$,海拔 181 m)、气象站名称(TLKZZQ-01)等。

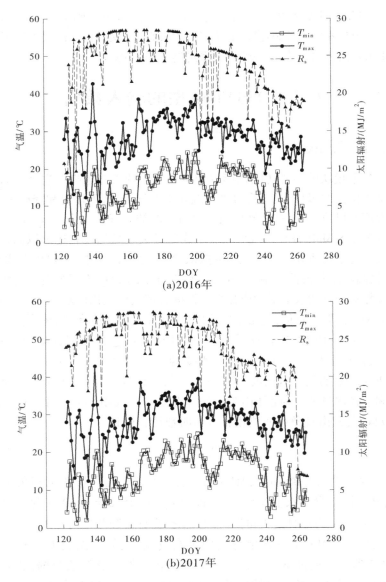

图 6-2　2016~2018 年玉米生育期内逐日气温及太阳辐射量

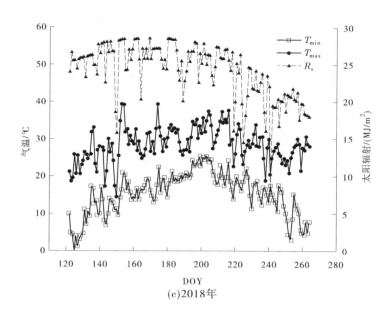

$T_{\min}$—最低气温;$T_{\max}$—最高气温。

续图 6-2

注:DOY,Day of Year,指一年中的第几天。

6.2.2　土壤模块

　　土壤单元中的土壤是一维剖面,它在水平方向上是均匀的,由许多垂直的土层组成。土壤模块集成了四个子模块的信息:土壤水、土壤温度、土壤碳氮和土壤动力学。土壤动力学模块的设计目的是读取土壤单元的土壤参数,并根据耕作、土壤碳的长期变化或其他田间作业对其进行修改。土壤动力学模块从当前文件中读取土壤属性。

　　对于土壤水,所有的 DSSAT 模型都具有相同的土壤水分平衡子程序。每天通过增加灌溉量和降雨量,减去地表径流量、排水量、植物蒸腾量和土壤蒸发量来计算土壤水分平衡。在土柱内,土壤水分通过垂直排水、毛细上升和耕作重新分配。降雨量为用户输入在天气文件中提供。

灌溉在试验细节输入文件中提供,该文件提供了关于灌溉类型、供水效率和灌溉量的信息。降雨对入渗和地表径流的划分基于 SCS 曲线数法。对于只有一维剖面的分层土壤,土壤排水采用"翻桶法"。土层主要特性包括排水下限(LL)、排水上限(DUL)和饱和体积土壤含水量。土壤中水的向下运动取决于土壤排水因子,它受到土层的饱和导水率的限制。实际蒸散发量(ET)的计算有两种方法:基于标准天气数据输入的 Priestley-Taylor 法,或者还需要风速和相对湿度作为输入数据的 FAO-56 法。计算完成后将潜在蒸散发量 ET_0 划分为作物冠层的潜在蒸腾量(E_p)和土壤的潜在蒸发量(E_s),土壤潜在蒸发量是一个与 LAI 和能量消光系数(Kep)有关的函数。实际的土壤蒸发量取决于土壤潜在蒸发量和土壤含水量。作物的实际蒸腾量是潜在蒸腾量和根系吸水量二者的最小值。潜在的根系吸水遵循 Ritchie(1998)所描述的方法,它依赖于根长密度和每一层土壤有效含水量的比例,然后对各层根系的总吸水量进行综合,如果根系潜在吸水量小于潜在蒸腾量,蒸腾作用就会减弱。利用水分胁迫因子(SWFAC,实际蒸腾量或根系吸水量和潜在蒸腾量的比值)将每日潜在光合同化量修正到实际光合同化量。另一个称为膨压因子(TURFAC)的水分胁迫系数以同样的方式影响叶片伸展过程。

　　对于土壤碳氮平衡 ,DSSAT/CSM 有两种模拟土壤有机质(SOM)和氮平衡的方法。DSSAT v3.5 模型中最初的 SOM 模型,基于 Seligman和 Van Keulen(1980)的 PAPRAN 模型,被转换成模块化结构,并保留在新的 DSSAT/CSM 中。另外,还有 Gijsman 等(2002)基于 CENTURY开发的 SOM 模块。这个以 CENTURY 为基础的模块是为了便于在模拟开始时只初始化土壤碳和其他变量一次后,模拟不同作物轮作的长期土壤有机碳储存潜力。主要区别在于,以 CENTURY 为基础的模型:①将 SOM 模块划分为更多的分量,每个分量的 C:N 比例不同,可以矿化或固定养分;②在土壤表层有残留层;③分解速率与质地有关。在这两个 SOM 模块中,有机物的分解都取决于土壤温度和含水量。土壤碳氮平衡模块的界面输入变量多为土壤性质和土壤水、土壤温度子模块计算的变量。氮通过土壤向深层的输送是利用土壤水模块获得的水通量值来计算的。来自植物模块的唯一接口变量是每天在土壤表面老化和脱落的植物体。CSM 中的土壤氮动态是在土壤无机氮模块和两个土壤有机质模块中进行处理的。在无机氮模块中的氮平衡包括了土壤中所有无机氮的添加,所有将氮从一种类型转化为另一种类型的过程,以及所有从土柱中去除无机氮的过程。无机氮的添加来自肥料的施用和有机物分解产生的矿化氮。肥料的施用在试验资料文件中有详细说明,包括施用日期、肥料种类、施氮量、施用方法、土壤的深度和收获率。根据硝化、反硝化、氨挥发和尿素水解的过程速率计算硝酸盐、铵和尿素的日转化。从系统中去除无机氮是植物的吸收、有机物分解引起的固定、浸出和氨挥发、反硝化、硝化造成的氮气体损失。N_2O、NO 和 CO_2 的气体排放是根据有机物分解、硝化和反硝化过程计算的,氮气体排放算法基于 DayCent 模型。

　　本次研究所需土壤性状数据主要通过田间实测获得。试验开始前将 1 m 深的土层平均分为 5 层取土,用激光粒度仪进行土壤颗粒分析,同时,用压力薄膜仪测定土样的饱和含水率、田间持水量和凋萎含水率,另外用环刀法测定各层土壤容重。同时,模型还需输入初始土壤含水率,通过土钻取土烘干法测定。其他输入数据有土壤所在地的经纬度及海拔($44°16'$N,$122°37'$E,海拔 181 m)、地点名称(TL)、土壤名称(lou soil)、颜色(brown)、排水状况(drainage well)、反射率(albedo)等,由中国土壤数据库获得。用 DSSAT 模型中的 soil data 模块生成模型可读土壤数据,土壤具体参数及初始条件见表 2-1。模型中土壤排水上限用实测田间持水量,即灌溉后 2~4 d 田间测得的土壤含水率代替,排水下限以实验室土壤样品测得的土壤凋萎含水率代替。

　　覆盖塑料薄膜主要抑制土壤蒸发,增加了土壤温度,促进作物蒸腾作用,并提高了作物的产量。然而,蒸发的模块 DSSAT 模型没有考虑薄膜覆盖的蒸发。同时,在 DSSAT 模型中,只有一个土壤温度模块用于裸地土壤温度模拟,没有覆膜条件下的土壤温度模块。但是作物生长后期,地膜覆盖的增温效应对作物生长的影响可以不予考虑。因此,蒸发模块的改进是通过引入蒸发率实现的。土壤温度对作物生长的影响是通过引入气温补偿系数使土壤温度发生变化,进而影响作物生长发育。

在 DSSAT 模型中,土壤蒸发可分成两个阶段,即恒定速率阶段和降速阶段。在恒定速率阶段(阶段 1),土壤蒸发强度随着土壤含水率的减小不发生变化。蒸发强度主要是由大气蒸发能力决定。在降速阶段(阶段 2),表面土壤含水率降至临界值以下,可知土壤蒸发强度取决于水通量通过上层土壤到表面的情况。两阶段蒸发的计算公式如下:

恒定速率阶段:
$$E_{s1} = \sum E_{s0}, \quad \sum E_{s1} < U \tag{6-2}$$

降速阶段:
$$E_{s2} = a \times t^{1/2} \tag{6-3}$$

式中:E_{s1}、E_{s2} 为恒定速率阶段、降速阶段的累计蒸发量,mm/d;E_{s0} 为实际的土壤日蒸发量,mm;U 为蒸发的限制量,mm;a 为土壤液压特征的参数,mm/$d^{0.5}$;t 为降速阶段蒸发的时间,d。

实际的土壤蒸发量与潜在土壤蒸发量有关。潜在蒸散量是使用 DSSAT 模型默认的 Priestley-Taylor 公式计算得出的。

$$EO = EEQ \times 1.1 \tag{6-4}$$
$$EEQ = SLANG \times (2.04 \times 10^{-4} - 1.83 \times 10^{-4} \times ALBEDO) \times (TD + 29.0) \tag{6-5}$$
$$SLANG = SRAD \times 23.923 \tag{6-6}$$
$$TD = 0.60 \times T_{max} + 0.40 \times T_{min} \tag{6-7}$$

式中:EO 为潜在蒸散量,mm/d;EEQ 为平衡的蒸发率,mm/d;SLANG 为太阳辐射,MJ/(m² · d);ALBEDO 为土壤表层的反射率,假设为 0.23;TD 为近似的日平均温度,℃;T_{max} 和 T_{min} 分别为最高温度和最低温度,℃。

考虑到地膜覆盖条件下土壤蒸发损失是通过玉米植株生长小孔引起的,土壤蒸发能力主要与田间地膜覆盖率相关。因此,地膜覆盖下的土壤蒸发量可以通过计算无覆盖条件下的土壤蒸发量乘以小孔面积得到。有学者提出,小孔的扩散性与孔面积和周长有关。因此,本次将破损小孔水汽损失简化为与小孔直径相同的球体表面积的一半,薄膜覆盖率可以通过如下公式得到:

$$F_{fm} = \frac{S_{hole}}{S_{mulch}} \tag{6-8}$$
$$S_{hole} = 2\pi \times r^2 \tag{6-9}$$

$$E_{si} = E_s \times F_{fm} \tag{6-10}$$

式中:F_{fm} 为薄膜覆盖率;S_{hole} 为该区域的小孔的面积,m^2;r 为小孔的半径,m;S_{mulch} 为该地区的覆盖面积,m^2;E_s 为土壤蒸发量,mm/d;E_{si} 为修改后的土壤蒸发量,mm/d。

根据上述方法,对 DSSAT 模型源码中的蒸发模块进行修改,利用 Parallel Studio XE 2011 和 VS2010 编译 DSSAT 模型的可执行新代码,进行覆膜条件下的模拟分析。

土壤温度和气温对玉米生长和产量有重要影响。地膜覆盖可以提高土壤温度,尤其是播种至出苗阶段。玉米在此期间主要受深度 5 cm 处土壤温度的影响。地膜覆盖的玉米生长速率与地表和深度 5 cm 处的土壤温度显著相关。根据积温原理,无论覆盖或裸地处理,玉米在某一生育时期的积温是相同的。地膜覆盖由于土壤温度对气温的补偿作用,缩短了作物的生育期,这在 DSSAT 模型中没有考虑。

因此,本书建立了气温与土壤温度的相关关系,并计算了覆膜后土壤温度补偿系数。基于修正后的结果,对 DSSAT 模型中潜在蒸散发量的计算进行了改进。在覆膜条件下 DSSAT 模型的模拟中,考虑土壤温度对气温补偿的影响,将最高气温和最低气温作为输入数据。覆膜条件下的温度补偿计算过程如下:

$$T_{cum} = \sum_{i=1}^{n} (T - T_b) \tag{6-11}$$

$$C = -\frac{T_{cum-a-fm} - T_{cum-a-nfm}}{T_{cum-s-fm} - T_{cum-s-nfm}} \tag{6-12}$$

$$\Delta T = \frac{C \times (T_{s-fm} - T_{s-nfm}) \times (T_a - T_b)}{T_{s-nfm} - T_b} \tag{6-13}$$

$$T_{a-fm} = T_a + \Delta T \tag{6-14}$$

$$T_a = (T_{max} + T_{min})/2 \tag{6-15}$$

式中:T_{cum} 为有效土壤或空气积温;T 为日平均土壤温度或日平均气温(T_a);T_b 为玉米生物学下限基点温度(8 ℃);n 为玉米完成某一生长阶段的天数;C 为温升补偿系数;$T_{cum-a-fm}$ 和 $T_{cum-a-nfm}$ 分别为覆膜和裸地的膜表面积温和非膜表面积温;$T_{cum-s-fm}$ 和 $T_{cum-s-nfm}$ 分别为覆膜和裸

地的土壤积温;ΔT 为温度补偿值;T_{s-fm} 和 T_{s-nfm} 分别为覆膜和裸地深度 5 cm 处的日平均土壤温度;T_{a-fm} 为覆膜的日平均气温;T_{max} 和 T_{min} 分别为日气温最大值和最小值。

6.2.3　田间管理数据

管理模块通过调用其他子模块来确定何时执行一定的操作。目前,这些作业包括种植、收获、无机肥料施用、灌溉和施用作物残渣及有机肥料。这些操作可以由用户在标准的"试验"输入文件中指定。用户可以根据输入的种植之后第几天或标准日期来指定任何操作,这些操作可以是自动的也可以是固定的。在规定的时间间隔内自动播种的条件是:在规定的深度(30 cm)内土壤平均含水率和土壤温度应在规定的范围内。收获可以在特定的日期进行,当作物成熟时,或者当土壤水分条件对机器操作有利时。灌溉可以在规定的灌溉量的特定日期进行,也可以由植物可利用的水分来控制。如果植物可用水量下降到灌溉管理深度的特定持水量以下,就会触发灌溉事件。灌溉量可以是固定的,也可以是将管理深度的土壤剖面充满。类似地,肥料可以在固定的日期以特定的数量施用,也可以通过植物模块中的氮胁迫变量来控制植物对氮的需求。作物残茬和有机肥,如粪肥,可以在模拟开始时施用,也可以在收获作物后施用,或者在类似无机肥料的固定日期施用。这些管理选项为用户提供了极大的灵活性,以模拟过去进行的用于模型评估和改进的试验,并模拟用于不同应用程序的可选管理系统。管理文件还提供了范围,以定义多种作物和管理策略的作物轮作。

利用模型中作物管理数据模块建立自己的试验文件,包括试验基本信息:试验名称、试验地点、试验年份以及试验人等试验描述情况。选择土地编号、气象站、土壤类型、试验地的大小方向等情况;初始条件信息还包括初始条件的测量时间、前茬作物、前茬残留等基本信息;土壤剖面包括土壤分层,各层的土壤含水率、硝态氮和铵态氮。作物管理包括作物品种信息(事先建立自己的品种并预设各品种参数)、播种时间、出苗时间、播种方式方法、每平方米播种数及出苗数、行向和播种深度等;灌溉管理包括灌水时间、每次灌水量和灌水方式等;施肥管理有

施肥时间、肥料名称、施肥方式、施肥深度和各成分含量等;耕作管理有
耕地时间、方式和深度;收获项目有收获时间及收获方式等。

6.2.4　田间观测数据

根据田间试验数据和土壤水分控制情况,选用 2016~2018 年中水
中肥处理田间试验数据来对比模型模拟能力。用 DSSAT 模型中的试
验数据模块来输入观测数据,试验观测数据分为两种类型:一种是随时
间变化的观测数据,如株高、叶面积和生物量等,这些观测数据在模型
输入的是 T 文件;另一种是只有最终结果的观测数据,如物候期、产
量、收获时生物量、粒重等,这些观测值在模型里输入的是 A 文件。

6.2.5　作物品种参数(lz)

DSSAT-CERES-Maize 模型要求的玉米品种参数包括:P_1 指完成
非感光有苗期的基温(基础温度为 8 ℃);P_2 指光周期敏感系数;P_5 指
灌浆期特性参数;G_2 指单株玉米潜在最大穗粒数;G_3 指潜在最大灌浆
速率;PHINT 指出叶间隔特征参数。初次运行模型可根据相关文献资
料查阅相应的作物品种参数值范围,并在参数值范围内任意估值,给作
物品种命名。本试验中使用的玉米品种为"农华 106"。春玉米的品种
遗传参数的取值范围如表 6-1 所示。

表 6-1　春玉米品种遗传参数的取值范围

参数	取值范围
完成非感光有苗期的基温(基础温度为 8 ℃)$P_1/(℃ \cdot d)$	100~450
光周期敏感系数 P_2	0~4
灌浆期特性参数 $P_5/(℃ \cdot d)$	600~1 000
单株玉米潜在最大粒数 $G_2/$粒	200~1 000
潜在最大灌浆速率 $G_3/[mg/(粒 \cdot d)]$	5~18
出叶间隔特性参数 PHINT$/(℃ \cdot d)$	30~75

6.3 DSSAT-CERES-Maize 模型参数率定

模型应用的一个必要前提就是对模型进行校准与验证以保证模拟精度和可靠性,因为不同的模型参数必然会得到不同的模型输出结果。在模型校正方法上可以采用试错法手动调整几个特定参数,比较模拟值和实测值来评价模型,其结果带有很强的主观性。普遍可靠的方法是将田间实测数据分为两部分,一部分用来校准,一部分用来验证,如果有多年试验数据,可以用前几年的数据校准、后几年的数据验证。一般要求采用不存在水分和养分胁迫处理的数据进行模型的参数校正,根据以往研究可知,CERES 系列模型能够精确模拟水氮充足条件下作物的生长发育及产量,而在水氮亏缺条件下则模拟精度不高,因此本书选取 2016~2018 年中水中肥处理作为参数率定处理,其他处理进行模型验证。

6.3.1 数据和评价指标

在本书中,模拟值和观测值之间的相对绝对误差(ARE)、均方根误差(RMSE)、归一化均方根误差(NRMSE)和模型效率(EF)用于评估模型输出的精度。

$$ARE = \frac{100}{n} \sum_{i=1}^{n} \left| \frac{O_i - S_i}{O_i} \right| \tag{6-16}$$

$$NRMSE = \frac{RMSE}{\overline{O}} \times 100\% \tag{6-17}$$

$$RMSE = \left[\frac{\sum_{i=1}^{n} (O_i - S_i)^2}{n} \right]^{0.5} \tag{6-18}$$

$$EF = 1.0 - \frac{\sum_{i=1}^{n} (O_i - S_i)^2}{\sum_{i=1}^{n} (O_i - O)^2} \tag{6-19}$$

式中:S_i 为第 i 个模拟值;O_i 为第 i 个观测值;$\overline{O}$ 为观测值的平均值;n

为样本数量。

6.3.2　模型参数率定

利用 DSSAT-CERES-Maize 模型 GLUE 调参程序包对玉米的 6 个品种参数进行率定。玉米品种参数的定义和预设范围如表 6-1 所示。

本书利用 2016 年中水中肥处理的观测数据对玉米参数进行率定，用 2017 年和 2018 年中水中肥处理的数据进行验证。同时，本书利用观测数据计算了除光周期敏感系数（P_2）外的其他 5 个参数。从表 6-2 可以看出，GLUE 率定的参数和计算的结果非常接近，说明模型率定的最优参数反映了真实情况，可以作为"农华 106"的品种参数。

表 6-2　利用 GLUE 率定和观测数据计算的玉米遗传参数

参数	P_1/ (℃·d)	P_2	P_5/ (℃·d)	G_2/粒	G_3/[mg/ (粒·d)]	PHINT/ (℃·d)
GLUE	227.8	0.11	662.8	813.8	9.79	65.76
计算	232	—	650.4	804.8	8.36	67.2

6.3.3　模型校准率定结果

通过 GLUE 对模型调参后，相应输出变量的实测值和模拟值及各输出变量实测值和模拟值的 ARE 和 NRMSE 如表 6-3 所示。

表 6-3　模型参数率定后的模拟结果

项目	年份	模拟/d	观测/d	ARE/%	NRMSE/%
开花期（DAP）	2016	82	86	4.65	4.07
	2017	76	79	3.80	
	2018	80	83	3.61	

续表 6-3

项目	年份	模拟/d	观测/d	ARE/%	NRMSE/%
成熟期 （DAP）	2016	133	130	2.31	3.75
	2017	132	127	3.94	
	2018	135	129	4.65	
地上部生物量/ （kg/hm²）	2016	18 273	20 004	8.65	6.95
	2017	17 269	18 642	7.37	
	2018	16 587	16 872	1.69	
产量/ （kg/hm²）	2016	11 927	12 271	2.80	5.56
	2017	13 516	14 687	7.97	
	2018	11 788	12 075	2.38	

　　由表 6-3 中数据可以看出，经过对 DSSAT 模型的参数率定后，在其对输出变量的模拟中，对春玉米物候期的模拟误差相对较小。在对开花期和成熟期的模拟中，其实测值和模拟值的 ARE 和 NRMSE 均在 5% 以内。而对地上部生物量和籽粒产量的模拟误差比物候期相对大一些，但 ARE 在 9% 以内，NRMSE 在 7% 以内。综合各输出变量 ARE 和 NRMSE 的平均值可知，二者的误差范围均在 7% 以内，调参后的 DSSAT 模型 W2N2 处理的物候期、地上部生物量及籽粒产量模拟精度较高。

　　2016~2018 年试验玉米生育期内 W2N2 处理 LAI 的实测值与模拟值随生育期的动态变化如图 6-3 所示。可以看出，玉米 LAI 的模拟曲线与实测值的变化趋势基本一致。LAI 表现为先增后减的单峰变化曲线。2016~2018 年 LAI 的 NRMSE 分别为 11.52%、9.38%、9.38%，均在 10%≤NRMSE≤20% 的范围之内，认为模拟误差较小，可以接受。

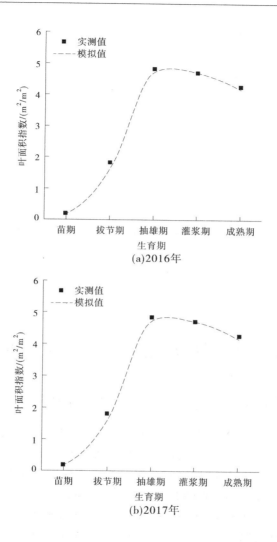

图 6-3   2016~2018 年玉米叶面积指数实测值和模拟值的动态变化

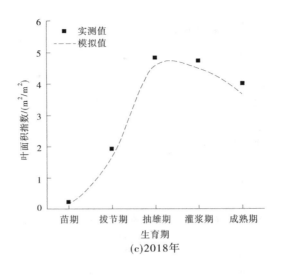

(c)2018年

续图 6-3

6.4　DSSAT-CERES-Maize 模型验证

6.4.1　对玉米物候期、地上部生物量和产量模拟结果的验证

　　对 DSSAT-CERES-Maize 模型的参数率定后,通过对不同输出变量实测值和模拟值的误差比较和模拟过程的对比分析,最终选定了一组模拟精度相对较高的作物品种遗传参数。本节选取 2016 年不同水肥组合的处理(W1N1、W1N2、W1N3、W3N1、W3N2、W3N3)对模型进行进一步的验证。DSSAT-CERES-Maize 模型对 6 种不同水氮组合处理中玉米物候期、地上部生物量及产量模拟结果的验证如表 6-4~表 6-6所示。

　　实际条件下各处理灌水定额及施氮量的不同而导致不同处理间的开花期和成熟期的实测值存在差异。水氮供应不足的处理与传统灌溉施肥处理相比开花期均有所延迟,而成熟期则会提前。而

DSSAT-CERES-Maize 模型在计算物候期时未考虑水分胁迫的影响,
所以对同一年份不同处理的开花期和成熟期的模拟结果均一致。但总
体而言,DSSAT-CERES-Maize 模型对春玉米物候期的模拟较为精确,
各处理开花期、成熟期模拟结果的 ARE 和 NRMSE 均小于10%。

表 6-4 DSSAT-CERES-Maize 模型对物候期模拟结果的验证

处理	开花期				成熟期			
	模拟/d	观测/d	ARE/%	NRMSE/%	模拟/d	观测/d	ARE/%	NRMSE/%
W1N1	83	90	7.78		133	126	5.56	
W1N2	83	90	7.78		133	126	5.56	
W1N3	83	88	5.68	6.27	133	128	3.91	3.90
W3N1	83	86	3.49		133	130	2.31	
W3N2	83	88	5.68		133	130	2.31	
W3N3	83	86	3.49		133	130	2.31	

表 6-5 DSSAT-CERES-Maize 模型对地上部生物量模拟结果的验证

处理	地上部生物量			
	模拟/(kg/hm²)	观测/(kg/hm²)	ARE/%	NRMSE/%
W1N1	15 827	17 852	11.34	
W1N2	16 595	18 357	9.60	
W1N3	16 639	18 449	9.81	
W3N1	18 168	19 715	7.85	9.36
W3N2	17 018	18 884	9.88	
W3N3	20 752	19 288	7.59	

表 6-6　DSSAT-CERES-Maize 模型对产量模拟结果的验证

处理	籽粒产量			NRMSE/%
	模拟/(kg/hm²)	观测/(kg/hm²)	ARE/%	
W1N1	10 166.15	11 266.95	9.77	5.69
W1N2	11 223.03	11 964.75	6.20	
W1N3	10 976.68	11 788.80	6.89	
W3N1	12 179.26	12 619.05	3.49	
W3N2	11 947.05	12 726.95	6.13	
W3N3	14 014.70	12 950.70	8.22	

最终生物量模拟值与实测值之间的 ARE 在 7.59%~11.34%,NRMSE 为 9.36%;玉米籽粒产量的模拟值与实测值之间的 ARE 为 3.49%~9.77%,NRMSE 为 5.69%。二者总体模拟精度低于对物候期的模拟。由于水分及氮素对作物的生物量及籽粒产量影响较大,而 DSSAT-CERES-Maize 模型对水氮胁迫的量化描述还不够精确,所以具有水氮胁迫的处理 W1N1 的地上部生物量及籽粒产量的模拟结果精度有所下降。

6.4.2　对玉米 LAI 动态变化模拟结果的验证

各处理 LAI 模拟值与实测值动态变化过程比较如图 6-4 所示。二者的变化趋势大体一致,为先增大后减小的单峰变化趋势。DSSAT-CERES-Maize 模型对各处理生育前期的 LAI 模拟较好,生育后期的模拟出现较大偏差。从抽雄期开始,模拟值整体低于实测值,导致模型对 LAI 模拟结果的 NRMSE 明显偏大。对 LAI 的模拟精度较差,会间接影响模型对作物其他指标模拟结果的影响。在对 DSSAT-CERES-Maize 模型的验证过程中,对 LAI 的模拟误差最大,各处理模拟值与实测值的 NRMSE 在 5.34%~10.14%。其中,W1N1、W1N3 的 NRMSE 最大,分别为 9.59% 和 10.14%,差异较大。W3N3 的 NRMSE 为 5.34%,差异较小。

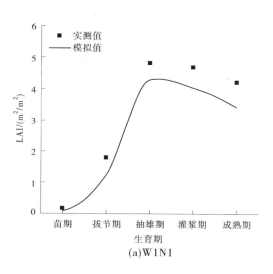

(a)W1N1

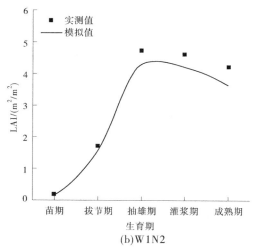

(b)W1N2

图 6-4 DSSAT-CERES-Maize 模型对 LAI 动态变化模拟结果的验证

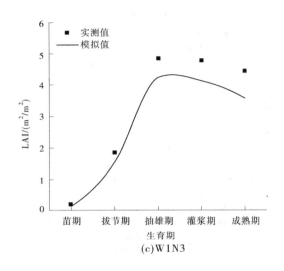

(c)W1N3

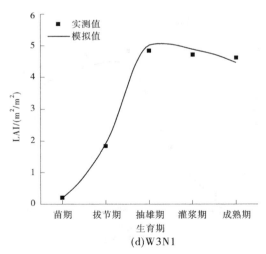

(d)W3N1

续图 6-4

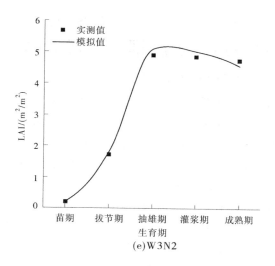

(e)W3N2

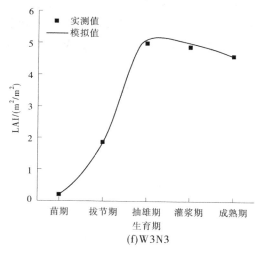

(f)W3N3

续图 6-4

6.5　基于 DSSAT-CERES-Maize 模型对最适宜水肥耦合区域的筛选

本书选取灌水量和施氮量作为模型输入参数。灌水量设置 5 个水平：W_{M1}（田间持水量 60%~80%）、W_{M2}（田间持水量 65%~85%）、W_{M3}（田间持水量 70%~90%）、W_{M4}（田间持水量 75%~95%）、W_{M5}（田间持水量 80%~100%），施氮量设置 7 个梯度：N_{M1}（240 kg/hm²）、N_{M2}（250 kg/hm²）、N_{M3}（260 kg/hm²）、N_{M4}（270 kg/hm²）、N_{M5}（280 kg/hm²）、N_{M6}（290 kg/hm²）、N_{M7}（300 kg/hm²）。

各水氮处理两两耦合，选用 2016 年实测基础数据，并运行模型进行模拟。在测试模型输入参数对输出变量的敏感性的同时，预测筛选出兼顾籽粒产量和水分利用效率的水肥耦合区域。

DSSAT-CERES-Maize 模型中玉米籽粒产量对施氮量的敏感性分析结果如图 6-5 所示。玉米籽粒产量随施氮量增加先显著增加，随后减缓，增产效应呈现递减趋势。当灌水水平为 W_{M1}、W_{M2}、W_{M3} 时，施氮量达到 270 kg/hm² 后，可获得产量增加有所减缓；当灌水水平为 W_{M4}、W_{M5} 时，随着施氮量增加，可获得产量也呈现增加的趋势，但增幅逐渐减小。

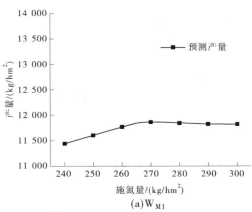

(a) W_{M1}

图 6-5　产量对施氮量的敏感性分析结果

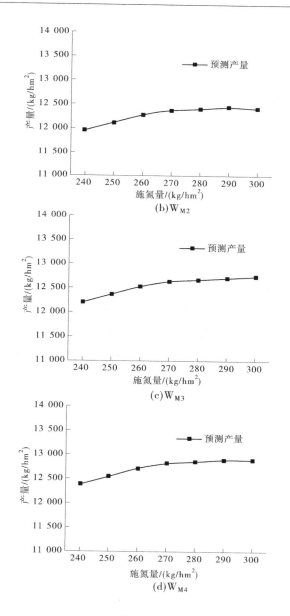

续图 6-5

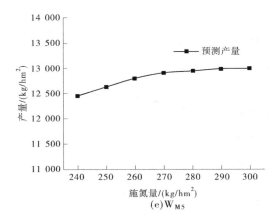

(e) W_{M5}

续图 6-5

　　DSSAT-CERES-Maize 模型中玉米籽粒产量对灌水量的敏感性分析结果如图 6-6 所示。在田间试验研究结论的基础上,选取施氮量 N_{M1}(240 kg/hm^2)、N_{M2}(250 kg/hm^2)、N_{M3}(260 kg/hm^2)、N_{M4}(270 kg/hm^2)、N_{M5}(280 kg/hm^2)、N_{M6}(290 kg/hm^2)、N_{M7}(300 kg/hm^2) 这 7 个梯度,进行籽粒产量对不同灌水定额的敏感性分析。由图 6-6 可知,当灌水量由 W_{M1}(田间持水量 60% ~ 80%)增加至 W_{M2}(田间持水量 65% ~ 85%)、由 W_{M2}(田间持水量 65% ~ 85%)增加至 W_{M3}(田间持水量 70% ~ 90%)时,可获得产量随灌水定额的增加而显著增加,当灌水量继续增加时,可获得产量变化曲线增长缓慢,可获得产量增加的效益不再显著。

　　综合春玉米籽粒产量(可获得产量)对施氮量与灌水定额的敏感性分析结果可知,当灌水量在 W_{M3}(田间持水量 70% ~ 90%)、施氮量达 270 ~ 280 kg/hm^2 时,可获得产量便不再随其二者的增加而继续显著增加,因此可以达到节水、节肥、稳产的生产目标,推荐为最优水肥耦合区间。

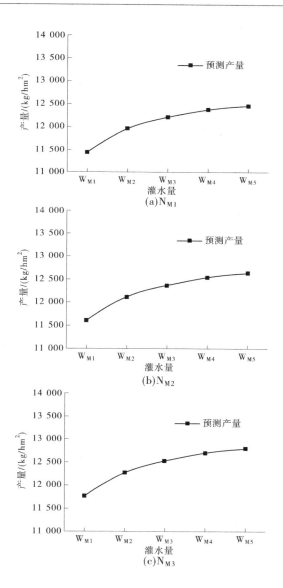

图 6-6　产量对灌水量的敏感性分析结果

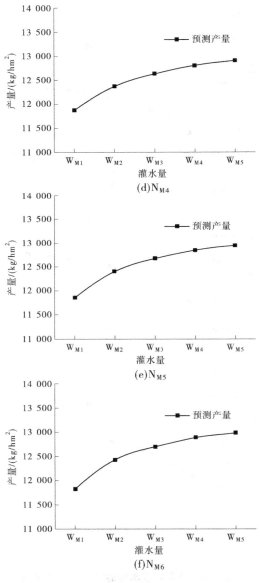

续图 6-6

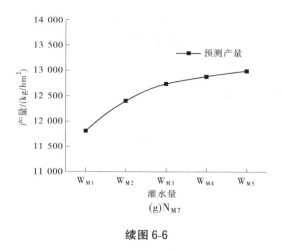

续图 6-6

6.6 小 结

选取灌水定额和施氮量作为可变动输入参数,对 DSSAT-CERES-Maize 模型输出的可获得产量进行敏感性分析。当灌水定额一定时,玉米可获得籽粒产量随施氮量增加先急剧增加,随后减缓,增产效应呈现递减趋势。当施氮量达到 280 kg/hm^2 时,可获得产量随施氮量的增加基本保持不变,或者增长幅度显著减小。当施氮量一定时,可获得产量随灌水定额的增加而递增。当灌水定额达到 W_{M3}(田间持水量 70%~90%)时,可获得产量不再随灌水量的增加而显著提高。

本书推荐灌水量在 W_{M3}(田间持水量 70%~90%)、施氮量为 270~280 kg/hm^2 的水肥耦合区间。

参考文献

AYARS J, FULTON A, TAYLOR B, 2015. Subsurface drip irrigation in California—Here to stay? [J]. Agricultural Water Management, 157: 39-47.

CHEN N, LI X, ŠIMŮNEK J, et al. , 2020. The effects of biodegradable and plastic film mulching on nitrogen uptake, distribution, and leaching in a drip-irrigated sandy field [J]. Agriculture, Ecosystems & Environment, 292: 106817.

CHEN Z, TAO X, KHAN A, et al. , 2018. Biomass accumulation, photosynthetic traits and root development of cotton as affected by irrigation and nitrogen-fertilization [J]. Frontiers in Plant Science, 9: 173.

GU X, LI Y, DU Y, 2017a. Optimized nitrogen fertilizer application improves yield, water and nitrogen use efficiencies of winter rapeseed cultivated under continuous ridges with film mulching [J]. Industrial Crops and Products, 109: 233-240.

GU X, LI Y, DU Y, 2017b. Biodegradable film mulching improves soil temperature, moisture and seed yield of winter oilseed rape (Brassica napus L.) [J]. Soil and Tillage Research, 171: 42-50.

HE G, WANG Z, CAO H, et al. , 2018. Year-round plastic film mulch to increase wheat yield and economic returns while reducing environmental risk in dryland of the Loess Plateau [J]. Field Crops Research, 225: 1-8.

JHA S K, GAO Y, LIU H, et al. , 2017. Root development and water uptake in winter wheat under different irrigation methods and scheduling for North China [J]. Agricultural Water Management, 182: 139-150.

JHA S K, RAMATSHABA T S, WANG G, et al. , 2019. Response of growth, yield and water use efficiency of winter wheat to different irrigation methods and scheduling in North China Plain [J]. Agricultural Water Management, 217: 292-302.

JIA Q, SHI H, LI R, et al. , 2018. Drip irrigation schedules of maize in Tongliao[J]. Drain. Irrig. Mach, 36: 897-902.

KANG Y I, PARK J M, KIM S H, et al. , 2011. Effects of root zone pH and nutrient concentration on the growth and nutrient uptake of tomato seedlings [J]. Journal of plant nutrition, 34: 640-652.

KUMAR M, RAJPUT T, KUMAR R, et al. , 2016. Water and nitrate dynamics in baby corn (Zea mays L.) under different fertigation frequencies and operating pressures in semi-arid region of India[J]. Agricultural Water Management, 163: 263-274.

LEGHARI S J, WAHOCHO N A, LAGHARI G M, et al. , 2016. Role of nitrogen for plant growth and development: A review [J]. Advances in Environmental Biology, 10: 209-219.

LI C, WANG C, WEN X, et al. , 2017. Ridge-furrow with plastic film mulching practice improves maize productivity and resource use efficiency under the wheat-maize double-cropping system in dry semi-humid areas [J]. Field Crops Research, 203: 201-211.

LI J, XU X, LIN G, et al. , 2018. Micro-irrigation improves grain yield and resource use efficiency by co-locating the roots and N-fertilizer distribution of winter wheat in the North China Plain[J]. Science of the Total Environment, 643: 367-377.

LI X, LIU H, HE X, et al. , 2019. Water-nitrogen coupling and multi-objective optimization of cotton under mulched drip irrigation in arid northwest China [J]. Agronomy, 9: 894.

LIU E, MEI X, YAN C, et al. , 2016. Effects of water stress on photosynthetic characteristics, dry matter translocation and WUE in two winter wheat genotypes. [J]. Agricultural Water Management, 167: 75-85.

LIU W, ZHANG X, 2007. Optimizing water and fertilizer input using an elasticity index: a case study with maize in the loess plateau of china [J]. Field Crops Research,100: 302-310.

RUDNICK D, IRMAK S, DJAMAN K, et al. , 2017. Impact of irrigation and nitrogen fertilizer rate on soil water trends and maize evapotranspiration during the vegetative and reproductive periods [J]. Agricultural Water Management, 191: 77-84.

SHRESTHA N, RAES D, VANUYTRECHT E, et al. , 2013. Cereal yield stabilization in Terai (Nepal) by water and soil fertility management modeling[J]. Agricultural Water Management , 122: 53-62.

SI Z, ZAIN M, MEHMOOD F, et al. , 2020. Effects of nitrogen application rate and irrigation regime on growth, yield, and water-nitrogen use efficiency of drip-irrigated winter wheat in the North China Plain [J]. Agricultural Water Management, 231: 106002.

SUI J, WANG J, GONG S, et al. , 2018. Assessment of maize yield-increasing potential and optimum N level under mulched drip irrigation in the Northeast of China [J]. Field Crops Research, 215: 132-139.

SUN Z Z, JIAMING, ZHENG W, 2009. Coupled effects of soil water and nutrients on growth and yields of maize plants in a semi-arid region [J]. Pedosphere, 19: 673-680.

TANG B, YIN C, YANG H, et al. , 2017. The coupling effects of water deficit and nitrogen supply on photosynthesis, WUE, and stable isotope composition in Picea asperata [J]. Acta Physiologiae Plantarum, 39: 1-11.

WANG H, LI J, CHENG M, et al. , 2019a. Optimal drip fertigation management improves yield, quality, water and nitrogen use efficiency of greenhouse cucumber [J]. Scientia Horticulturae, 243: 357-366.

WANG N, DING D, MALONE R W, et al. , 2020. When does plastic-film mulching yield more for dryland maize in the Loess Plateau of China? A meta-analysis [J]. Agricultural Water Management, 240: 106290.

WANG X, FAN J, XING Y, et al. , 2019b. The effects of mulch and nitrogen fertilizer on the soil environment of crop plants [J]. Advances in Agronomy, 153: 121-173.

WANG Y, ZHANG X, CHEN J, et al. , 2019c. Reducing basal nitrogen rate to improve maize seedling growth, water and nitrogen use efficiencies under drought stress by optimizing root morphology and distribution [J]. Agricultural Water Management, 212: 328-337.

WANG Z, ZHANG W, BEEBOUT S S, et al. , 2016. Grain yield, water and nitrogen use efficiencies of rice as influenced by irrigation regimes and their interaction with nitrogen rates [J]. Field Crops Research, 193: 54-69.

WOLFF M W, HOPMANS J W, STOCKERT C M, et al. , 2017. Effects of drip fertigation frequency and N-source on soil N2O production in almonds [J]. Agriculture, Ecosystems & Environment, 238: 67-77.

XIE Z, WANG Y, LI F, 2005. Effect of plastic mulching on soil water use and spring wheat yield in arid region of northwest China[J]. Agricultural Water Management, 75: 71-83.

XU Z, YU Z, WANG D, 2006. Nitrogen translocation in wheat plants under soil water deficit [J]. Plant and Soil, 280: 291-303.

ZAMORA-RE M I, DUKES M, HENSLEY D, et al. , 2020. The effect of irrigation strategies and nitrogen fertilizer rates on maize growth and grain yield [J]. Irrigation

Science, 38: 461-478.

ZHANG F, LI M, QI J, et al., 2015a. Plastic film mulching increases soil respiration in ridge-furrow maize management [J]. Arid Land Research and Management, 29: 432-453.

ZHANG F, WU L, FAN J, et al., 2015b. Determination of optimal amount of irrigation and fertilizer under, drip fertigated system based on tomato yield, quality, water and, fertilizer use efficiency [J]. Transactions of the Chinese Society of Agricultural Engineering, 31.

ZHENG J, FAN J, ZHANG F, et al., 2021. Interactive effects of mulching practice and nitrogen rate on grain yield, water productivity, fertilizer use efficiency and greenhouse gas emissions of rainfed summer maize in northwest China [J]. Agricultural Water Management, 248: 106778.

ZONG R, WANG Z, ZHANG J, et al., 2021. The response of photosynthetic capacity and yield of cotton to various mulching practices under drip irrigation in Northwest China[J]. Agricultural Water Management, 249: 106814.

刘洋, 栗岩峰, 李久生, 等, 2015. 东北半湿润区膜下滴灌对农田水热和玉米产量的影响[J]. 农业机械学报(10): 93-104.

沈荣开, 王康, 张瑜芳, 等, 2001. 水肥耦合条件下作物产量、水分利用和根系吸氮的试验研究[J]. 农业工程学报, 17(5): 35-38.

刘文兆, 李玉山, 李生秀, 2002. 作物水肥优化耦合区域的图形表达及其特征[J]. 农业工程学报, 18(6): 1-3.

薛亮, 周春菊, 雷杨莉, 等, 2008. 夏玉米交替灌溉施肥的水氮耦合效应研究[J]. 农业工程学报(3): 91-94.

王伟, 黄义德, 黄文江, 等, 2010. 作物生长模型的适用性评价及冬小麦产量预测[J]. 农业工程学报(3): 233-237.

姜志伟, 陈仲新, 周清波, 等, 2011. CERES-Wheat 作物模型参数全局敏感性分析[J]. 农业工程学报(1): 236-242.

文新亚, 陈阜, 2011. 基于 DSSAT 模型模拟气候变化对不同品种冬小麦产量潜力的影响[J]. 农业工程学报(S2): 74-79.

王文佳, 冯浩, 2012. 基于 CROPWAT-DSSAT 关中地区冬小麦需水规律及灌溉制度研究[J]. 中国生态农业学报(6): 795-802.

刘建刚, 褚庆全, 王光耀, 等, 2013. 基于 DSSAT 模型的氮肥管理下华北地区冬小麦产量差的模拟[J]. 农业工程学报(23): 124-129.